que. — La numération. — Le

ENTRETIENS
SUR L'ARITHMÉTIQUE

OU

PREMIER LIVRE DE LECTURE ET DE CALCUL

A L'USAGE

Des Familles et des Ecoles élémentaires.

PREMIÈRE PARTIE.

NOMBRES ENTIERS.

CONTENANT

La manière d'enseigner l'Arithmétique. — La numération. — Les quatre opérations fondamentales appliquées au calcul mental et au calcul écrit. — Un questionnaire, des exercices pédagogiques et numériques sur chaque entretien. — Des applications usuelles et d'utiles problèmes à résoudre. — Des récréations arithmétiques.

PAR A. COCHARD,

BREVETÉ POUR L'INSTRUCTION PRIMAIRE ÉLÉMENTAIRE ET SUPÉRIEURE, EX-RÉPÉTITEUR A L'ÉCOLE NORMALE DE LA MEUSE, EX-SECRÉTAIRE DU COMITÉ SUPÉRIEUR DE L'INSTRUCTION PRIMAIRE DE L'ARRONDISSEMENT DE MONTMÉDY.

MONTMÉDY,

IMPRIMERIE ET LIBRAIRIE DE HENRY.

1852.

En préparation :

Entretiens sur l'Arithmétique.

DEUXIÈME PARTIE.

NOMBRES DÉCIMAUX,

SYSTÈME MÉTRIQUE.

TROISIÈME PARTIE.

APPLICATIONS GÉNÉRALES,

RÈGLES D'INTÉRÊT, D'ESCOMPTE, DE SOCIÉTÉ, D'ALLIAGE, ETC.

LE

CALCUL INTUITIF

ou

l'Arithmétique mise en tableaux coloriés,

A L'USAGE

Des Salles d'Asile et des Ecoles Elémentaires.

Apprendre
à compter en peu
de temps et avec le moins d'efforts
possible est ce qui convient le mieux à l'enfance,
généralement peu disposée à l'étude. Tel est le but de cet
ouvrage. — L'auteur a pensé qu'en présentant les notions fondamentales
du calcul, dans un ordre systématique et sous une forme
qui frappe l'intelligence en parlant aux yeux, ce
serait les graver d'une manière ineffaçable
dans l'esprit impressionnable
des enfants.

MONTMÉDY. — TYP. HENRY.

A

M. A. THIRION,

Directeur de l'École normale de la Meuse.

Monsieur le Directeur,

Le travail que j'ai l'honneur de soumettre à votre judicieuse appréciation est le fruit de mes récréations et de mes veilles. C'est un essai, et, à ce titre, il a besoin de votre haut et éclairé patronage. Puissiez-vous, Monsieur le Directeur, ne pas dédaigner l'hommage d'un livre qui tend à rendre populaire l'étude de l'arithmétique ! Ce sera, pour moi, une nouvelle preuve que les efforts que l'on fait pour être utile, rencontrent toujours d'honorables encouragements.

Je vous prie, Monsieur le Directeur, d'agréer l'hommage respectueux

De votre Élève reconnaissant,

A. Cochard.

Les ENTRETIENS SUR L'ARITHMÉTIQUE sont divivisés en *trois parties:*

La **PREMIÈRE PARTIE** traite des NOMBRES ENTIERS seulement. Elle comprend les *définitions préliminaires*, les *principes de la numération*, les *quatre opérations fondamentales* appuyées de raisonnements simples, et une série d'*exercices oraux et écrits*, scrupuleusement gradués.

La **DEUXIÈME PARTIE** présente une théorie succincte, mais suffisante, des NOMBRES DÉCIMAUX, et, par applications, le SYSTÈME MÉTRIQUE suivi de la *mesure des surfaces et des corps* en ce qu'elle a d'utilité pratique.

Enfin, sous le titre d'APPLICATIONS GÉNÉRALES, la TROISIÈME PARTIE a pour objet les *règles d'intérêt*, d'escompte, de *société*, d'*alliage*, etc., traitées par la *méthode de l'unité*, et suivies d'une série très-variée de *problèmes* simples, amusants, presque tous relatifs aux actes les plus ordinaires de la vie, aux opérations les plus usuelles de l'industrie et du commerce, aux faits les plus curieux et les plus instructifs de l'histoire, de la géographie et de la statistique.

Chacune de cés parties forme *un volume*. A quoi sert, en effet, de donner à un enfant un livre complet d'arithmétique, qui contienne des matières qu'il n'est appelé à étudier que lorsque son intelligence a déjà reçu un certain développement? Avant qu'il n'ait appris les *quatre opérations fondamentales*, le livre sera usé, déchiré. En faire acheter un autre n'est pas toujours chose facile. Il ne faut donc mettre entre les mains de l'enfant que des livres qu'il puisse user avec profit. — APPRENDRE VITE ET A BON MARCHÉ, tel est le double but de tout enseignement vraiment populaire.

Tout exemplaire doit être revêtu de la signature de l'Auteur :

Aux Maîtres.

Le bon maître fait la bonne méthode.

J'avais composé ces *Entretiens* pour l'instruction de mes enfants ; des maîtres, plus habiles que moi dans ce genre d'enseignement, m'ont assuré qu'ils seraient utiles à la jeunesse, je les ai fait imprimer, après toutefois y avoir opéré les changements que leur longue expérience m'a suggérés.

Je suis heureux de pouvoir rendre publics les sentiments d'amitié et de reconnaissance que je leur dois, pour le concours intelligent et désintéressé qu'ils m'ont prêté.

J'ai aussi des remerciements à adresser aux personnes qui ont encouragé mes efforts, en souscrivant à mes *Entretiens*. C'est pour ces dernières, qui pourraient être étrangères à l'enseignement du calcul, que j'ai donné, à la suite des Entretiens ne comportant pas d'applications numériques, d'utiles *procédés pédagogiques*, puisés dans les meilleurs ouvrages sur la matière : ils seront pour elles un guide sûr, un conseiller fidèle, un manuel précieux qui les initiera à la manière d'enseigner l'arithmétique.

Ce n'est pas une chose facile à faire qu'un livre pour les enfants, un livre de calcul surtout. Certes, je ne me suis pas dissimulé les difficultés de l'entreprise. Si je n'ai pas réussi, je me consolerai par la pensée du bien que j'aurai voulu produire. Sans doute il existe beaucoup d'arithmétiques dédiées à la jeunesse, mais combien n'ont d'*élémentaire* que le titre ! « *C'est que pour parler aux enfants, il faut se faire enfant soi-même ; il faut savoir descendre des hauteurs de la science pour se mettre à leur niveau, et ne pas craindre de sacrifier souvent l'élégance du style, l'élévation et la subtilité des théories à la clarté et à la simplicité, qualités indispensables dans ces sortes d'ouvrages.* » Cependant il ne faut pas que l'enseignement de l'arithmétique se réduise à une simple nomenclature de mots. L'objection que l'intelligence des enfants ne se prête pas au raisonnement, n'est point fondée. Le calcul mécanique s'oublie vite, tandis que l'arithmétique raisonnée s'incruste dans leur esprit.

J'ai essayé d'éviter ce double écueil, en présentant les éléments du calcul sous la forme d'un entretien familier, et tout en donnant aux principes l'autorité du raisonnement, mais d'un raisonnement accessible aux intelligences ordinaires. Je me suis proposé de faire *un livre de lecture et de calcul* tout à la fois, convaincu que l'enfant retient mieux ce qu'il lit avec plaisir que ce qu'il apprend par cœur avec répugnance. En effet, en *racontant l'arithmétique* aux enfants, c'est-à-dire en substituant des récits clairs, simples, attrayants, à une théorie sèche, abstraite, fatiguante, on éveille plus aisément leur curiosité, on soutient plus longtemps leur attention, en un mot on rend l'étude de la science plus accessible en en rendant les abords plus séduisants. En cela je n'ai fait que m'inspirer de cette pensée de ROLLIN, ce grand maître dans l'art d'enseigner : « *En tout art et en toute science, les éléments et les principes ont toujours quelque chose de sec et de rebutant. C'est pour cela qu'il importe d'en adoucir l'amertume par tout ce qu'on peut y répandre d'agrément.* »

Mais si cette forme d'enseignement se prête facilement à la conception de l'enfance, elle entraîne parfois à des détails que ne comporte par le langage mathématique ; aussi elle n'eût qu'imparfaitement répondu aux besoins de l'enseignement élémentaire, si je n'avais fait suivre chaque série de mes Entretiens d'un *Résumé théorique* qui rappelle succinctement les définitions et les principes développés dans les Entretiens précédents. Les Résumés théoriques, ainsi dégagés de tous les accessoires de la narration, serviront tout à la fois de *guide* aux maîtres et de *mémorial* aux élèves. Présentés sous une forme nouvelle, ils captiveront l'attention des enfants, les forceront à des répétitions utiles et les conduiront à des succès certains.

J'ai donné aussi à la suite de chaque entretien un *Questionnaire* et des *Exercices* gradués sur le calcul écrit et sur le calcul mental.

Jusqu'alors en France on a malheureusement trop méconnu les avantages du *calcul mental*, et surtout les progrès qu'il fait faire à l'intelligence des enfants ; son enseignement est vivement recommandé par les hommes qui l'ont expérimenté. Les élèves, en effet, ne passent beaucoup de temps à apprendre le calcul écrit, que parce qu'ils ne sont pas assez exercés aux opérations mentales qui sont du domaine de l'intelligence. Le calcul de tête est l'arithmétique naturelle, celle qu'emploient les personnes qui n'ont pas l'habitude du calcul écrit. Ce n'est pas, comme on a le tort de le croire généralement, une routine aveugle, un pur mécanisme ; c'est un travail de l'intelligence, une opération de l'esprit : c'est une science d'utilité pratique.

Les nombreux exercices que j'ai donnés sur la numération — qui est toute l'arithmétique — sont une excellente introduction à l'étude du calcul mental ; les maîtres feront bien d'en occuper les élèves dès leur entrée à l'école, car ils sont le *principium et fons* de la science du calcul.

En Allemagne, l'enseignement du calcul mental est poussé fort loin ; aussi il n'est pas rare de voir des enfants qui, sans être des phénomènes comme *Henri Mondeux*, *Vito Mangiamèle* et *Desforges*, n'en exécutent pas moins, avec une étonnante facilité, les calculs les plus compliqués.

Des élèves préparés de bonne heure aux opérations mentales feront des progrès rapides dans les classes ; car j'ai eu occasion souvent de remarquer que dans les écoles où le calcul est bien enseigné, les élèves sont plus intelligents et plus avancés.

Mais il ne suffit pas de faire des *savants*, il faut avant tout faire des *hommes*. Aujourd'hui, moins qu'autrefois encore, il n'est pas possible de séparer l'*instruction* de l'*éducation*, car l'esprit et le cœur sont frères : si l'esprit se perd, le cœur se perd aussi. Tout enseignement doit donc avoir pour double but d'*instruire* et de *moraliser*. Et l'arithmétique, aussi bien que l'histoire, est très-essentielle à l'éducation de l'âme, en ce qu'elle fortifie le jugement et agrandit le domaine de l'intelligence. Les maîtres qui s'attachent à tout *matérialiser* en arithmétique, dessèchent le cœur des enfants. Il faut au contraire présenter la science sous son *côté moral*, la faire servir au développement des vertus qui font l'homme de bien. C'est dans ces vues que j'ai semé, parmi les chiffres et dans la partie du livre consacrée à la lecture, des maximes propres à inspirer à l'enfance des *sentiments de religion* et *de morale*, des *idées d'ordre et d'économie*, *l'amour du travail et de l'étude*. Cette innovation éveillera sans doute la critique des esprits froids, de ceux qui ne voient dans le calcul que le langage sec, abstrait, de la science. Il me sera peut-être reproché aussi d'avoir donné des détails trop minutieux, des exemples trop puérils, des définitions et des démonstrations peu rigoureuses. Nous répondrons — avec La Rochefoucauld — que *pour bien savoir les choses il faut en savoir le détail*; qu'il ne faut pas être avare de mots pour faire pénétrer quelque chose dans l'intelligence des enfants qui exigent des explications familières, des développements indispensables, une lenteur de procéder sans laquelle nul progrès n'est réalisable. Et c'est surtout en arithmétique que les succès dépendent d'une marche lente et graduée : l'expérience, seul bon juge en pareil cas, a démontré que plus on passe de temps à étudier les principes fondamentaux d'une science, moins on en consacre à l'étude des difficultés qu'elle peut offrir.

Mes ENTRETIENS SUR L'ARITHMÉTIQUE — ou PREMIER LIVRE DE LECTURE ET DE CALCUL. — sont destinés aux *Ecoles élémentaires* et aux *Familles* qui s'occupent avec soin de la première instruction de leurs enfants. En les composant je me suis efforcé de descendre au niveau des jeunes intelligences, afin de ne pas les obliger de s'élever à la hauteur des raisonnements scientifiques de la plupart des ouvrages d'arithmétique. Oh ! que j'aurais voulu pouvoir offrir à l'enfance un langage simple comme elle ! ! !...

Ai-je besoin d'ajouter que je n'ai fait de mon travail l'objet d'aucune spéculation : j'ai voulu le rendre accessible à toutes les bourses, comme à toutes les intelligences.

Enfin si j'ai le bonheur d'être utile à la jeunesse, de lui épargner quelques larmes, je regarderai le temps que j'aurai employé à m'entretenir avec les enfants comme le plus agréable de ma vie.

Aux Élèves.

C'est pour vous — **mes amis** — que j'ai écrit ces *Entretiens* qui vous apprendront à bien *compter*, à bien *calculer*, c'est-à-dire l'ARITHMÉTIQUE. J'ai tâché d'y parler le langage simple et familier qui convient à l'enfance. J'ai cherché à n'employer aucun terme sans le définir; et si quelques mots n'étaient pas assez clairement expliqués, suffisamment compris, n'hésitez jamais à en demander le sens ou la signification à votre maître. Je me suis efforcé de ne vous entretenir, en commençant, que des choses que vous connaissez ou dont vous avez entendu parler. Je vous

1*

proposerai des exemples simples, les règles viendront ensuite ; et, à mesure que votre intelligence se développera, je raisonnerai avec vous. Cette marche m'a paru la plus conforme à vos goûts. *Opérer, pratiquer, raisonner*, telle est — **mes amis** — la meilleure méthode. J'ai cherché à vous la présenter sous la forme la plus attrayante, afin de captiver votre attention et de vous aplanir les premières difficultés de l'étude de l'arithmétique. Si je parviens à vous apprendre en peu de temps à bien *compter*, à bien *calculer ;* si j'ai le bonheur de vous suggérer des habitudes d'*ordre* et d'*économie*, je ne regretterai pas d'avoir employé les longues et froides heures d'hiver à m'entretenir avec vous.

Votre ami,

A. Cochard.

Entretiens sur l'Arithmétique.

Première Partie.

NOMBRES ENTIERS.

DÉFINITIONS ET NUMÉRATION.

ENTRETIEN 1er (*).

Arithmétique — Utilité de l'Arithmétique.

Quand vous appreniez à lire et que j'étais content de vous — **mes amis** — je vous donnais une certaine quantité de bons points ; pour savoir combien vous en receviez, il fallait les *compter*.

Lorsque vous achetez des chiques ou des boutons, si vous voulez savoir combien le marchand vous en donne pour votre argent, il faut les *compter*.

Si vous désirez connaître la quantité d'œufs contenus dans un panier, vous êtes obligés de les *compter*.

(*) Le texte de ces Entretiens présente trois sortes de caractères : le *petit caractère*, destiné à la narration, aux développements que les élèves devront lire attentivement ; — le *gros caractère* et l'*italique*, consacrés aux définitions et aux règles que les élèves devront apprendre par cœur et savoir imperturbablement.

Vous le voyez — **mes amis** — il y a une foule d'occasions où il est nécessaire de savoir *compter*. Mais on ne peut *compter* que des choses de *même espèce*.

Les choses de *même espèce* sont celles qui portent le *même nom*.

1.— L'ARITHMÉTIQUE *apprend à* COMPTER. (*)

2. — L'ARITHMÉTIQUE *est utile dans toutes les professions*.

Il est aussi utile — **mes amis** — d'apprendre à *compter*, à *calculer*, que d'apprendre à lire et à écrire. Le CALCUL, *qui est l'application de l'arithmétique*, est nécessaire dans tous les besoins de la vie. Si vous ne saviez bien *compter*, bien *calculer*, vous ne pourriez obtenir la plus petite place, gérer le moindre emploi. Comme aussi, sans la connaissance de l'*arithmétique*, vous ne pourriez entreprendre aucun commerce sans vous exposer à une ruine certaine : car c'est par le *calcul* que l'on détermine la valeur des objets qui se vendent, s'achètent ou s'échangent ; c'est aussi par le *calcul* que l'on recherche le gain ou la perte qui peut résulter d'un marché ou d'une entreprise quelconque.

C'est en calculant ainsi — **mes amis** — que vos bons parents (**) ont laborieusement amassé la fortune qu'ils

---

(*) Le mot *compter* et le mot *calculer* ont la même signification.

(**) I.

Des soins que vos parents vous donnent chaque jour
Que votre attachement soit une récompense ;
Qu'ils doivent vos efforts et votre obéissance,
Moins aux lois du devoir qu'à celles de l'amour.

consacrent à votre instruction et à votre avenir ; car c'est vers ce double but que tendent tous leurs efforts, toutes leurs espérances, et vous vous montrerez dignes d'une sollicitude si prévoyante par une application soutenue et une conduite irréprochable : je n'attends pas moins de votre zèle et de votre ardeur pour le travail.

Il est donc important que vous appreniez à bien *compter*, à bien *calculer* : tel est, je le répète, le but de l'ARITHMÉTIQUE.

QUESTIONNAIRE.

1. — *Qu'est-ce que l'Arithmétique ?*
2. — *Quelle est l'utilité de l'Arithmétique ?*

EXERCICES PRATIQUES.

Pour initier complètement les élèves à la connaissance du calcul, il est essentiel de les familiariser de bonne heure avec les *chiffres*. La meilleure marche à suivre, pour y parvenir, consiste à leur faire compter des objets matériels, afin de leur donner une idée exacte de la valeur des nombres ; à varier ces objets, afin de leur faire comprendre que les nombres sont indépendants de la forme et de la nature des

---

II.

Ainsi, vous leur devez votre reconnaissance,
Puis, le plus tendre amour en échange du leur,
Puis, comme leurs seuls vœux sont pour votre bonheur,
Vous leur devez enfin entière obéissance.

N. B. — Ces *quatrains* et tous ceux qui suivront, tirés de LA MORALE DE L'ENFANCE, excellent ouvrage de M. *Morel de Vindé*, seront donnés, comme exercices de mémoire, en punition aux élèves qui n'apporteraient pas aux Entretiens toute l'attention désirable.

Pour faciliter la tâche du maître, chaque quatrain porte un numéro d'ordre qu'il suffit d'indiquer à l'élève.

choses comptées. Ce travail, à la portée des enfants, les instruira en les amusant.

Après chaque leçon, et principalement à la tombée du jour, on exercera les élèves au *calcul mental*, en leur adressant des questions orales de la nature de celles que nous donnons, et auxquelles on les habituera de répondre avec promptitude et précision. Ces exercices oraux, en jetant de la variété et de l'émulation dans les classes, auront pour heureux effet de fixer l'attention mobile des enfants, de développer leur mémoire, de former leur jugement, et de profiter à tous les élèves de l'école, même aux plus jeunes, à qui le calcul mental peut et doit être enseigné aussitôt que la lecture.

Mais il importe surtout d'exercer les élèves sur les calculs qu'exigent les besoins de la vie. Ce serait les fatiguer sans profit que de leur donner à résoudre de ces questions inusitées qui détourneraient leur attention au lieu de la captiver. L'expérience démontre chaque jour qu'il ne faut pas pousser le calcul beaucoup au-delà des besoins probables des enfants : on doit moins avoir en vue d'en faire des savants que de bons praticiens. Cependant il ne faut pas que la pratique du calcul devienne une routine aveugle, car, en arithmétique, rien n'est plus pernicieux que la routine : la pratique, qui n'est pas éclairée par le raisonnement, a le double inconvénient de s'oublier bien vite et d'accoutumer l'esprit à agir machinalement. Il est donc important d'habituer de bonne heure l'élève à se rendre compte de ses opérations. *Pratiquer* et *raisonner*, voilà la méthode par excellence.

ENTRETIEN II.

Compter ou calculer. — Opérations fondamentales de l'Arithmétique.

ADDITION, MULTIPLICATION, SOUSTRACTION, DIVISION.

Dans notre premier Entretien, j'ai tâché — mes amis — de vous faire comprendre l'*utilité du calcul*. Il suffit en effet, de posséder quelque chose ou de vouloir entreprendre un commerce quelconque, pour être dans la nécessité de faire des *comptes*, c'est-à-dire du *calcul*.

Nous n'avons rien de bien certain sur l'origine et l'invention de l'*arithmétique* : l'histoire n'en fixe ni l'auteur ni le temps. Il est à présumer, cependant, que, dès que l'on a été dans la nécessité de faire des partages, des échanges, pour subvenir aux besoins de la vie, il a fallu rechercher les moyens d'en apprécier la valeur par le *calcul*. Or, comme les Tyriens (*) passent pour être les premiers commerçants du monde, on croit généralement que l'on doit l'*arithmétique* à cette nation.

L'*arithmétique* passa d'Asie en Afrique, où elle

(*) Habitants de *Tyr*; ville du nord de l'Asie, célèbre par son antiquité, son commerce et sa navigation. Détruite en 1188, par *Saladin*, il ne reste plus aujourd'hui de cette ville fameuse que de faibles traces de son ancienne splendeur.

On divise la terre habitable en *cinq grandes parties* :

l'*Europe*, l'*Asie*, l'*Afrique*, l'*Amérique* (ou Nouveau-Monde, découvert par *Christophe-Colomb*, en 1492), et l'*Océanie*.

Nous habitons l'Europe, la plus petite et la plus civilisée des cinq parties du monde.

fut cultivée et perfectionnée par les prêtres égyptiens, fidèles dépositaires des premières connaissances. Six cents ans avant Jésus-Christ, *Thalès* de Milet et *Pythagore* de Samos rapportèrent d'Égypte en Grèce, leur patrie, l'*arithmétique* qui, après avoir reçu, de ces deux célèbres calculateurs, de nouveaux degrés de perfection, fut introduite en Italie, et de là en France.

Avant la connaissance de l'*arithmétique* dont, comme vous venez de le voir, l'origine remonte à la plus haute antiquité, on dut compter avec des objets sensibles, tels que de petits cailloux plats, les doigts de la main et autres choses matérielles. Aujourd'hui, grâce aux progrès des lumières, nos calculs sont plus faciles et plus prompts ; car nous comptons avec une petite quantité de *signes* ou *caractères* appelés CHIFFRES. Les différents peuples se sont servis de différents chiffres. Les seuls généralement en usage sont les CHIFFRES ARABES, ainsi appelés parce qu'ils nous viennent des Arabes, peuple d'Asie, et pour les distinguer des *chiffres romains* dont on se servait avant leur introduction en France. On attribue généralement à *Gerbert,* célèbre archevêque de Reims sous le roi *Hugues Capet,* dans le dixième siècle, l'introduction en France des CHIFFRES ARABES, dont l'inventeur serait *Moramère*, indien de nation (*); mais on ne s'en servit communément qu'à partir du règne de *Henri III* vers la fin du XVIᵉ siècle (**).

(*) *Vélly*, dans son histoire de France, attribue l'invention des chiffres à *Algus*, arabe de nation. Toutefois, les arabes appelant eux-mêmes les chiffres *caractères indiens*, il est plus probable que la gloire de cette admirable invention revient à l'indien *Moramère*, qui en eût l'heureuse idée en 550 avant J.-C.

(**) Le SIÈCLE est une période de *cent années*.

On compte les siècles *avant* Jésus-Christ et *depuis* Jésus-Christ.

· Ce serait donc *dix siècles* après la naissance de Jésus-Christ, que les

L'ARITHMÉTIQUE *apprenant à compter*, il est indispensable que vous sachiez ce que c'est que *compter*. Je vais vous le dire en peu de mots.

3. — COMPTER *ou* CALCULER *c'est rendre les nombres* PLUS GRANDS *ou* PLUS PETITS, *en les soumettant à diverses opérations.*

4. — ON REND LES NOMBRES PLUS GRANDS *en les* RÉUNISSANT *ou en les* RÉPÉTANT : *c'est le but de l'*ADDITION *et de la* MULTIPLICATION ; — ON REND LES NOMBRES PLUS PETITS *en les* RETRANCHANT *ou en les* PARTAGEANT : *c'est le but de la* SOUSTRACTION *et de la* DIVISION.

5. — L'ADDITION, *la* MULTIPLICATION, *la* SOUSTRACTION *et la* DIVISION *sont les* QUATRE OPÉRATIONS FONDAMENTALES *de l'arithmétique, ainsi appelées, parce qu'elles sont la* BASE, *le* FONDEMENT *de toutes les autres opérations du calcul.*

Plus tard — **mes amis** — je vous indiquerai comment le *calcul* s'applique à chacune de ces opérations.

Le *calcul* s'exerçant sur les *nombres,* il est essentiel que vous sachiez ce que c'est qu'un NOMBRE. Ce travail fera l'objet de notre troisième entretien.

QUESTIONNAIRE.

3. — *Qu'est-ce que compter ou calculer ?*

---

chiffres arabes auraient été introduits en France, et *six siècles* plus tard, qu'ils y auraient été mis généralement en usage.

4. — *Comment rend-on les nombres plus grands ou plus petits ?*

5. — *Quelles sont les quatre opérations fondamentales de l'arithmétique, et pourquoi sont-elles appelées ainsi ?*

EXERCICES PRATIQUES.

Avant de passer à un autre Entretien, il faut toujours s'assurer que les leçons précédentes sont comprises. Ce n'est que par de *nombreuses répétitions* que l'on peut obtenir de bons résultats dans l'enseignement du calcul. Au surplus, il faut suivre en tous points la marche tracée par l'expérience des instituteurs, recueillie et résumée ainsi par M. *Barrau* : — « Commencer par les notions les plus faciles, ne rien dire sans l'expliquer clairement, s'assurer que chaque élève a compris, s'avancer ensuite à des notions plus compliquées, revenir sur les leçons précédentes et les revoir sans cesse, faire de temps en temps une halte pour considérer dans son ensemble (tel est le but de nos Résumés théoriques) ce qu'on a vu en détail, exercer continuellement la mémoire, mais ne l'exercer que sur des objets que l'intelligence a saisis, mesurer la dose du travail sur la capacité naturelle des enfants, et dans toute cette œuvre, être *patient, actif, complaisant, infatigable.* »

ENTRETIEN III.

Nombre. — Unité.

Dans vos jeux — **mes amis** — vous faites souvent du *calcul* sans vous en douter, sans avoir la moindre idée de l'*arithmétique*. Ainsi, quand vous jouez aux chiques (*) ou aux boutons, vous comptez la quantité de chiques ou de boutons que vous possédez avant et après la partie, et vous vous dites que vous perdez ou que vous gagnez : *un, deux, trois, quatre, cinq, six, sept, huit, neuf,* etc., de ces objets. Vous faites là du *calcul*, vous NOMBREZ ; aussi les quantités de chiques ou de boutons que vous exprimez par ces mots : *un, deux, trois,* etc., sont des NOMBRES.

Donc :

6. — *Un* NOMBRE *représente* UN *ou* PLUSIEURS *des objets* SEMBLABLES *que l'on compte.*

7. — *L'*UNITÉ *est l'objet de* MÊME NATURE *que l'on prend pour* COMPTER (**).

Il est — **mes amis** — de la plus grande importance de vous former une idée parfaite de ce qu'on entend par unité, car *l'unité est la base essentielle du nombre.*

Si vous comptez *quatre boutons*, QUATRE est le *nombre;* UN bouton est *l'unité* qui a servi à *former* ce nombre, ainsi que je vous l'apprendrai bientôt.

Il en est ainsi de tous les objets que vous pouvez

(*) Petites boules, vulgairement appelées *chiques,* avec lesquelles jouent les enfants.

(**) L'UNITÉ se nomme quelquefois *mesure.*

avoir à *compter*, pourvu que *l'unité* soit toujours de même espèce que les objets à *compter*. Si vous comptez des pommes, il faut, pour unité, une pomme ; si vous comptez des poires, il faut, pour unité, une poire ; si vous comptez des arbres, il faut, pour unité, un arbre.

Donc :

8. — *Il faut autant* d'ESPÈCES D'UNITÉS *que l'on a* d'ESPÈCES DE NOMBRES *à* FORMER, *c'est-à-dire de choses à* COMPTER.

Mais pour rendre les unités uniformes dans toute la France, le gouvernement a décidé qu'on n'emploierait que SIX UNITÉS PRINCIPALES (*), qui sont :

1º Le MÈTRE........ qui sert à mesurer les LONGUEURS, comme la *longueur d'un chemin ;*

2º Le MÈTRE CARRÉ. qui sert à mesurer les SURFACES, comme la *surface d'un plancher ;*

3º Le MÈTRE CUBE.. qui sert à mesurer les VOLUMES, comme le *volume d'une pierre ;*

4º Le LITRE........ qui sert à mesurer les CONTENANCES, comme la *contenance d'un sac de blé ;* comme la *contenance d'un tonneau de vin ;*

5º Le GRAMME...... qui sert à mesurer les POIDS, comme le *poids du pain ;*

6º Le FRANC........ qui est l'*unité de monnaie.* La *Monnaie* (**) sert à mesurer les VALEURS, comme la *valeur d'une maison.*

(*) Nous ne sommes heureusement plus au temps où ces SIX UNITÉS PRINCIPALES étaient des mots nouveaux ; aujourd'hui, grâce au fréquent usage que l'on fait de ces *mesures,* ces mots sont devenus familiers. Au lieu de donner aux enfants des définitions que leur faible intelligence ne pourrait saisir, il est plus utile de mettre à leur disposition chacune de ces mesures et de les obliger à en faire une application continuelle.

(**) On appelle MONNAIE l'*argent* dont on compare la valeur à la valeur des objets qui se vendent ou s'achètent.

Rien n'est donc plus clair et plus familier que l'idée de NOMBRE et d'UNITÉ; car il suffit, pour faire naître cette idée d'*unité* et de *pluralité,* de voir *un* ou *plusieurs* objets *semblables.*

Je m'arrête ici — **mes amis** — ne voulant pas fatiguer vos jeunes intelligences, ni surcharger votre mémoire de trop de mots à la fois.

A notre prochain Entretien la *classification des nombres entiers* (*).

QUESTIONNAIRE.

6. — *Qu'est-ce que représente un nombre ?*
7. — *Qu'est-ce que l'unité ?*
8. — *Combien y a-t-il d'espèces d'unités ?*

EXERCICES PRATIQUES.

Il importe de mettre entre les mains des enfants des *objets physiques*, tels que des haricots, des pois, des moules de boutons, etc...., afin qu'ils se forment du NOMBRE et de l'UNITÉ une idée exacte. Il importe surtout de leur faire bien comprendre que l'UNITÉ c'est UN, c'est-à-dire le plus simple de tous les nombres ; que l'UNITÉ est *arbitraire*, qu'elle peut être *plus* ou *moins grande*, qu'elle varie d'*espèce* et de *nom* suivant que changent les choses auxquelles ou applique le calcul.

(*) Les nombres, employés dans cette première partie de nos Entretiens, sont dits ENTIERS, pour les distinguer des autres nombres que je vous ferai connaître plus tard.

ENTRETIEN IV.

Classification des Nombres.

NOMBRE CONCRET, NOMBRE ABSTRAIT.

Jusqu'alors — **mes amis** — nous avons donné des nombres dont l'espèce est *connue, déterminée.* Cependant on ne fait pas toujours suivre les nombres du nom des unités qui ont servi à les former; on énonce les nombres tout simplement, c'est-à-dire que l'on fait *abstraction* du nom de l'unité, et, pour cette raison, les nombres de cette espèce sont appelés *nombres* ABSTRAITS.

Les nombres se partagent donc en DEUX GRANDES CLASSES, suivant qu'on *énonce* ou qu'on *n'énonce pas* le NOM des unités qui ont servi à les former. Dans le premier cas, on les dit *déterminés* ou CONCRETS; dans le second cas, ils sont *indéterminés* ou ABSTRAITS. Ainsi, *trois pommes* est un *nombre* CONCRET; *trois* est un *nombre* ABSTRAIT.

Donc :

9. — *Un* NOMBRE CONCRET *est un nombre après lequel on* INDIQUE LE NOM DE L'UNITÉ *qui a servi à le former.*

10. — *Un* NOMBRE ABSTRAIT *est un nombre après lequel on* N'INDIQUE PAS LE NOM DE L'UNITÉ *qui a servi à le former.*

Dans les opérations du calcul, les règles qu'il faut suivre, les raisonnements que l'on emploie, s'appliquent également à ces deux espèces de nombres; mais afin de rendre les opérations plus simples et les raisonnements plus généraux, on ne considère que les *nombres abstraits*. La suppression du nom de l'unité rend le langage plus prompt, plus simple et plus clair. Ainsi donc — **mes amis** — les *nombres abstraits* sont employés dans la THÉORIE DU CALCUL, et les *nombres concrets* dans la PRATIQUE.

Maintenant que vous connaissez la *classification des nombres*, avant de passer à leur NUMÉRATION, c'est-à-dire à *la manière de les former, de les nommer, de les écrire et de les lire,* il faut répéter ensemble ce que vous savez déjà, en vous aidant du *Questionnaire* qui accompagne chaque Entretien ; il n'est pas de moyen plus sûr de vérifier si vous avez bien compris. Le *Questionnaire* est votre second maître, adressez-vous à lui constamment. Il ne suffit pas d'aller vite ; il faut apprendre peu à la fois, bien comprendre et ne jamais oublier : autrement mon temps et le vôtre seraient perdus. Le TEMPS — **mes amis** — est un trésor dont il faut tirer parti dans la jeunesse ; car l'âge arrive à pas de géant, et le temps que l'on perd à rien faire est un temps perdu pour toujours. Mettez donc vos moments à profit, étudiez constamment, réfléchissez sans cesse, car c'est à votre âge que l'on peut devenir savant : il est trop tard dans la vieillesse (*).

(*) III.

No pas perdre de temps est un point nécessaire,
Travaillez et jouez avec égale ardeur ;
Fuyez la nonchalance, évitez la lenteur.
Il vaut mieux s'amuser que d'être à ne rien faire.

IV.

Il n'est rien — *mes amis* — dont on ne vienne à bout,
Avec du temps, des soins et de la patience.
On peut tout ce qu'on veut ; ce n'est que l'indolence
Qui trouve à chaque instant des obstacles à tout.

QUESTIONNAIRE.

9. — *Qu'est-ce qu'un nombre concret ?*
10. — *Qu'est-ce qu'un nombre abstrait ?*

EXERCICES PRATIQUES.

1. Parmi les nombres suivants, désignez ceux qui sont *concrets* et ceux qui sont *abstraits* :
Neuf pommes. — Un. — Huit œufs. — Deux. — Sept boutons. — Trois. — Six bœufs. — Quatre. — Cinq moutons. — Cinq. — Quatre soldats. — Six. — Trois brebis. — Sept. — Deux chiens. — Huit. — Un loup. — Neuf. — Huit chevaux. — Sept vaches. — Cinq. — Quatre. — Trois. — Sept tables. — Deux bancs. — Un. — Huit. — Neuf. — Trois maisons. — Sept chats. — Sept. — Six. — Quatre bons points. — Cinq boutons. — Deux. — Un cheval.

ENTRETIEN V.

Numération.

NUMÉRATION PARLÉE, NUMÉRATION ÉCRITE. — NUMÉRATION DÉCUPLE OU DÉCIMALE. — BASE ET SYSTÈME DE NUMÉRATION.

Nous avons à nous entretenir aujourd'hui — **mes amis** — de la partie la plus importante de l'arithmétique : je veux parler de la NUMÉRATION, c'est-à-dire de *la manière de former, nommer, écrire et lire les nombres.*

Vous savez qu'avant la connaissance de l'arithmétique, les hommes comptaient avec leurs doigts, avec de petits cailloux plats, avec des fentes faites dans l'écorce des arbres, ou avec d'autres objets sensibles. Mais combien leur *manière de compter* devait être incommode, quand il s'agissait d'effectuer sur les nombres les plus petites opérations ! Aujourd'hui, plus heureux que les peuples anciens, nous avons une manière aussi simple qu'ingénieuse de désigner les nombres et de faire les opérations du calcul. Mais il a fallu beaucoup de temps pour que notre *manière de compter*, connue sous le nom de SYSTÈME DE NUMÉRATION, si admirable par sa simplicité, arrivât à ce degré de simplicité qui en a répandu l'usage. Car il ne faut pas croire — **mes amis** — que l'*ancienne arithmétique* fût aussi complète, aussi parfaite que la nôtre ; il paraît qu'elle ne considérait que les différentes divisions des nombres dont elle ignorait les admirables propriétés. Le premier cours complet d'*arithmétique pratique* ne nous a été donné que vers le milieu du seizième siècle, par *Tartaglia*, vénitien ; il contenait l'application de l'arithmétique aux usages de la vie. A la même époque, *Mausolicus*, italien, joignit la THÉORIE à la PRATIQUE de l'arithmétique.

L'homme ayant d'abord compté sur ses doigts, le nombre DIX a paru lui convenir plus que tout autre ; aussi en a-t-il fait la BASE de notre *système de numération*. La *numération* que nous avons adoptée et que suivent presque tous les peuples de la terre, est donc la NUMÉRATION DÉCUPLE, c'est-à-dire, *celle où les mots et les chiffres expriment des nombres* de DIX *en* DIX *fois plus grands* : on l'appelle aussi NUMÉRATION DÉCIMALE.

Ainsi :

11. — *La* NUMÉRATION *apprend à* FORMER

et à NOMMER *les nombres, à les* ÉCRIRE *et à les* LIRE.

12. — ELLE *se divise en* NUMÉRATION PARLÉE *et en* NUMÉRATION ÉCRITE.

13. — *La* NUMÉRATION PARLÉE *a pour but de* FORMER *tous les nombres et de leur* DONNER DES NOMS.

14. — *La* NUMÉRATION ÉCRITE *a pour but d'*ÉCRIRE *tous les nombres avec le moins de chiffres possible, et de les* LIRE *facilement.*

15. — *On appelle* NUMÉRATION DÉCUPLE *ou* DÉCIMALE *la numération qui a pour* BASE *le nombre* DIX, *c'est-à-dire, celle où les* MOTS *et les* CHIFFRES *expriment des nombres de* DIX *en* DIX *fois* PLUS GRANDS.

16. — *On nomme* BASE D'UN SYSTÈME DE NUMÉRATION *la quantité de* CARACTÈRES *ou* CHIFFRES *que l'on emploie pour* REPRÉSENTER LES NOMBRES, *c'est-à-dire la quantité d'unités qu'il faut pour former une unité de l'ordre immédiatement supérieur.*

17. — *On entend par* SYSTÈME DE NUMÉRATION *l'ensemble des conventions que l'on a faites pour* FORMER, NOMMER, ÉCRIRE *et* LIRE *les nombres.*

Je vous engage — **mes amis** — à lire attentivement cet entretien et à apprendre par cœur les dé-

finitions ci-dessus; elles répondent aux questions suivantes que vous devez vous adresser tour à tour et
souvent, afin qu'elles soient constamment présentes
à votre mémoire.

QUESTIONNAIRE.

11. — *Qu'est-ce que la numération ?*
12. — *Comment se divise-t-elle ?*
13. — *Quel est le but de la numération parlée ?*
14. — *Quel est le but de la numération écrite ?*
15. — *Qu'appelle-t-on numération décuple ou décimale ?*
16. — *Que nomme-t-on base d'un système de numération ?*
17. — *Qu'entend-t-on par système de numération ?*

EXERCICES PRATIQUES.

Continuer à faire répéter les leçons précédentes, et ne
cesser cet exercice que quand tous les élèves sont en état de
répondre tout de suite et sans hésiter ; car il est essentiel
d'appuyer leurs connaissances les unes sur les autres. Mais on
doit bien se garder de prévenir la réponse de l'enfant : il faut
seulement guider ses efforts et le conduire, pas à pas, jusqu'à la réponse que l'on veut qu'il fasse ; il faut surtout l'habituer à trouver ce que l'on désire qu'il sache, car *on ne sait
jamais mieux une chose que lorsqu'on l'a trouvée soi-même.*

ENTRETIEN VI.

Formation des nombres entiers.

NOMENCLATURE ET ÉCRITURE DES UNITÉS SIMPLES. — CHIFFRES DU CALCUL.

La *Providence*, si prévoyante dans tout ce qu'elle fait, nous a donné les premières leçons du *calcul décimal*, en nous formant des mains.

La vue d'*un seul doigt* a dû faire naître l'idée de l'UNITÉ ; la vue des *dix doigts*, celle de la NUMÉRATION DÉCUPLE.

Mais si l'idée d'un seul objet est facile à saisir, celle d'une plus grande quantité d'objets semblables offre plus de difficultés. Et, en effet — **mes amis** — quand vous entrez dans un jardin, s'il n'y a qu'*un seul arbre*, vous pouvez facilement en avoir une idée nette, et, par conséquent, l'exprimer ; tandis que s'il y a *plusieurs arbres* dans ce jardin, en les examinant séparément, vous direz bien : *un arbre, plus un arbre, plus un arbre*, et ainsi de suite, mais, au bout du compte, vous ne pourrez en indiquer le NOMBRE. Vous comprenez l'inconvénient d'une telle manière d'exprimer les nombres *plus grands* que l'unité. On a donc dû rechercher les moyens d'exprimer tous les nombres imaginables, en employant *la plus petite quantité possible de mots et de chiffres*. On y est heureusement parvenu, en établissant certaines *conventions* dont l'ensemble forme notre SYSTÈME DE NUMÉRATION.

Ici — **mes amis** — votre attention ne peut être

trop soutenue, car ce dont je vais vous entretenir est d'une grande importance en arithmétique.

Le NOMBRE *étant la réunion de plusieurs unités de même espèce*, vous voyez, par cette définition, que les nombres se forment de la manière la plus simple, par *l'addition successive de l'unité à elle-même;* c'est-à-dire, qu'en ajoutant une unité à une unité de la même espèce, on obtient *un nombre;* qu'en ajoutant à ce nombre une nouvelle unité, on aura *un autre nombre*, et ainsi de suite.

Donc :

18. — POUR FORMER LES NOMBRES ENTIERS, *on part de l'*UNITÉ, *qui est le plus petit nombre entier, et on l'ajoute successivement à elle-même; ce qui fait que la* SUITE DES NOMBRES EST INFINIE, *puisqu'on peut toujours ajouter une unité au dernier nombre formé.*

C'est ainsi que l'on a formé les *neuf premiers nombres :*

L'UNITÉ, considérée *seule*, forme le *nombre*... UN, qu'on représente par le *chiffre*. 1 ;

L'UNITÉ, ajoutée à UN, forme le *nombre*.... DEUX, qu'on représente par le *chiffre*. 2 ;

L'UNITÉ, ajoutée à DEUX, forme le *nombre*.. TROIS, qu'on représente par le *chiffre*. 3 ;

L'UNITÉ, ajoutée à TROIS, forme le *nombre*. QUATRE, qu'on représente par le *chiffre*. 4 ;

L'unité, ajoutée à QUATRE, forme le *nombre*.   CINQ,
　　qu'on représente par le *chiffre*..   5;

L'unité, ajoutée à CINQ, forme le *nombre*..   SIX,
　　qu'on représente par le *chiffre*..   6;

L'unité, ajoutée à SIX, forme le *nombre*...   SEPT,
　　qu'on représente par le *chiffre*..   7;

L'unité, ajoutée à SEPT, forme le *nombre*..   HUIT,
　　qu'on représente par le *chiffre*..   8;

L'unité, ajoutée à HUIT, forme le *nombre*..   NEUF,
　　qu'on représente par le *chiffre*..   9.

Donc :

19. —　　**1**　　**2**　　**3**　　**4**
　　　　UN,　DEUX,　TROIS,　QUATRE,
5　　**6**　　**7**　　**8**　　**9**
CINQ,　SIX,　SEPT,　HUIT,　NEUF,

sont les CHIFFRES DU CALCUL *ou les* UNITÉS SIM-
PLES, *appelées aussi* UNITÉS DU PREMIER ORDRE.

Ces NEUF CHIFFRES sont sans doute des *abréviations
d'unités* ajoutées successivement jusqu'à la concurrence
de *neuf*. Car il est probable que, primitivement, la
manière la plus naturelle d'écrire les nombres a été
celle que suivent encore aujourd'hui les personnes qui
ne savent pas faire les *chiffres*, c'est-à-dire de *tracer
autant de traits* que le nombre contenait *d'unités*. C'est
ainsi que les boulangers marquent encore par des raies,
ᵲ un petit morceau de bois, appelé *taille*, le nombre
pains qu'ils vendent à leurs pratiques.

Le petit tableau ci-dessous vous fera comprendre la valeur de chacun des *neuf premiers chiffres.*

Un. . .	**1**	représente,. . .	1
Deux. .	**2**	représentent. ,	1 1
Trois. .	**3**	représentent. .	1 1 1
Quatre .	**4**	représentent. .	1 1 1 1
Cinq . .	**5**	représentent. .	1 1 1 1 1
Six. . .	**6**	représentent. .	1 1 1 1 1 1
Sept . .	**7**	représentent. .	1 1 1 1 1 1 1
Huit . .	**8**	représentent. .	1 1 1 1 1 1 1 1
Neuf. .	**9**	représentent. .	1 1 1 1 1 1 1 1 1

Le nom d'un chiffre indique donc la quantité d'*unités réunies*; ainsi un 5 non-seulement s'appelle *un cinq*, mais encore il désigne *cinq unités*.

Nous devons — **mes amis** — regarder l'*invention des chiffres* comme une des plus utiles, et qui fait le plus d'honneur à l'esprit humain. Cette invention est assurément digne d'être mise à côté de celle des *lettres de l'alphabet.* Quoi de plus admirable, en effet, que d'exprimer, avec *une petite quantité de caractères*, toutes sortes de nombres et de mots!..... (*)

Les *chiffres* que vous connaissez et qui servent à représenter les *neuf premiers nombres*, peuvent aussi servir à représenter tous les autres nombres, au moyen d'un *chiffre auxiliaire* appelé ZÉRO.

(*) C'est aux *Phéniciens*, l'un des peuples les plus remarquables de l'Asie, que l'on attribue l'invention des LETTRES DE L'ALPHABET et leur combinaison avec tous les sons imaginables. Ce fut leur roi *Cadmus* qui introduisit les *caractères alphabétiques* en Grèce, d'où ils se sont répandus dans le reste de l'Europe. Cette admirable invention a facilité la propagation et la conservation des connaissances ; et, aujourd'hui, cet art ingénieux est la base de toute instruction.

Le *zéro* ressemble à la lettre O.

Dans notre prochain Entretien, je vous ferai connaître l'usage de ce *dixième chiffre*.

QUESTIONNAIRE.

18. — *Comment forme-t on les nombres entiers ?*

19. — *Comment nomme-t-on et écrit-on les unités simples ou unités du premier ordre ?*

EXERCICES PRATIQUES.

2. Exprimez en *chiffres* les *nombres* suivants :
Neuf. — Un. — Huit. — Deux. — Sept. — Trois. — Six. — Quatre. — Cinq. — Zéro.

3. Nommez les *nombres* suivants :

1 — 9 — 2 — 8 — 3 — 7 — 4 — 6 — 5 —
5 — 1 — 6 — 2 — 4 — 8 — 7 — 3 — 9 —

4. Comptez de *un* à *neuf* et de *neuf* à *un*.

5. En ajoutant *une unité* à 8, quel *nombre* obtient-on ?
En ajoutant *une unité* à 7, quel *nombre* obtient-on ?
En ajoutant *une unité* à 6, quel *nombre* obtient-on ?
En ajoutant *une unité* à 5, quel *nombre* obtient-on ?
En ajoutant *une unité* à 4, quel *nombre* obtient-on ?
En ajoutant *une unité* à 3, quel *nombre* obtient-on ?
En ajoutant *une unité* à 2, quel *nombre* obtient-on ?
En ajoutant *une unité* à 1, quel *nombre* obtient-on ?

6. Exprimez en *chiffres* les collections d'unités suivantes :
11111 — 11 — 1111 — 111111 — 111 — 111111
11111111 — 111111111

7. Comptez les doigts de votre main droite.

8. Comptez les doigts de votre main gauche.

9. Comptez les jours de la semaine (*).

(*) La SEMAINE est une période de *sept jours*, instituée par Dieu, en mémoire de la Création. Ces jours sont : *lundi, mardi, mercredi, jeudi, vendredi, samedi* et DIMANCHE. — Le *dimanche* est un jour de repos, consacré au Seigneur ; les autres jours sont consacrés au travail. Bien travailler pendant la semaine et se reposer le dimanche, procure santé et richesse. — En Angleterre, l'ouvrier ne travaille *jamais* le dimanche ; il se soumet avec joie à la loi de DIEU et à la loi de l'*État*, parce qu'il sait combien ces lois sont salutaires et combien le repos est indispensable.

V.

Le TRAVAIL — *mes amis* — est toujours nécessaire ;
C'est le devoir de l'homme et son consolateur ;
Il écarte l'ennui, nous donne le bonheur,
Que je plaindrais celui qui n'aurait rien à faire !

VI.

Le TRAVAIL seul conduit à la félicité.
N'allez pas, vous flattant d'une espérance vaine,
Attendre des succès sans travail et sans peine :
On n'obtient jamais rien sans l'avoir mérité.

VII.

Notre vie est si courte, il la faut employer;
Instruisez-vous — *enfants* — dès l'âge le plus tendre,
Vous serez malheureux si vous cessez d'apprendre :
Et c'est un jour perdu qu'un jour sans travailler.

ENTRETIEN VII.

Nomenclature et écriture des dixaines.

PROPRIÉTÉS DU ZÉRO.

Il faut bien vous rendre compte — **mes amis** — de la *formation des nombres*. Pour cela, prenez des boutons et placez-les dans l'ordre indiqué par le tableau suivant :

1 — ● . . . . *Unité* ou UN.
2 — ●● . . . *Un* et un donnent le nombre DEUX.
3 — ●●● . . . *Deux* et un TROIS.
4 — ●●●● . . . *Trois* et un QUATRE.
5 — ●●●●● . . . *Quatre* et un CINQ.
6 — ●●●●●● . . . *Cinq* et un SIX.
7 — ●●●●●●● . . . *Six* et un SEPT.
8 — ●●●●●●●● . . . *Sept* et un HUIT.
9 — ●●●●●●●●● . . . *Huit* et un NEUF.

Remarquez — **mes amis** — qu'il a suffi d'*ajouter successivement l'*unité* à elle-même* ; ce qui fait que, dans la numération des *neuf premiers nombres*, ceux-ci croissent successivement d'une unité : c'est-à-dire que le nombre cinq, par exemple, compte *une unité de moins* que le nombre six qui le suit.

Ainsi des autres nombres.

Mais la nomenclature des nombres, ou l'*ensemble des mots que l'on a imaginés pour les nommer*, ne s'arrête pas aux neuf premiers nombres que vous connaissez ; car, quelque grand que soit un nombre,

on peut toujours en former un plus grand en y ajoutant l'unité : ce qui fait que l'on dit que LA SUITE DES
NOMBRES EST INFINIE. Mais vous comprenez que la mémoire la plus heureuse et l'œil le mieux exercé n'auraient pu retenir et distinguer cette *infinité de mots et de
signes* qu'il eût fallu créer pour exprimer les nombres
plus grands que neuf. La difficulté de trouver et de
retenir cette suite de mots et de signes, qui n'aurait pas
eu de fin, a fait recourir à des moyens très-simples
et purement de *convention*, que vous saisirez facilement si vous me prêtez toute votre attention.

Je vous ai promis — **mes amis** — de vous entretenir des *propriétés du* ZÉRO.

Les *neuf premiers chiffres* 1, 2, 3, 4, 5, 6, 7, 8 et
9 sont appelés CHIFFRES SIGNIFICATIFS, parce qu'ils ont
une valeur par eux-mêmes, parce qu'ils *représentent des
nombres*; le *dixième*, ou le ZÉRO 0, *ne représente jamais un nombre*, il ne fait que *tenir la place* de l'un
des neuf chiffres dans un nombre écrit : ce n'est qu'un
CHIFFRE AUXILIAIRE, un CHIFFRE D'ORDRE.

Le ZÉRO n'a donc aucune *valeur numérique* par lui-
même ; mais, placé à la *droite des unités simples*, il
forme des nombres *dix fois plus grands* ou des
DIXAINES (*).

Donc :

20. — POUR FORMER LES DIXAINES, *il*

(*). La droite d'un chiffre est le côté qui correspond à notre bras droit ;
la gauche est le côté opposé.

Le zéro placé à la *gauche* d'un nombre entier ne change point la valeur
de ce nombre, c'est-à-dire qu'il ne le rend ni plus grand ni plus petit.

faut écrire UN ZÉRO A LA DROITE DES NEUF UNITÉS SIMPLES (*).

Ainsi :

UN ZÉRO à la droite du *chiffre* 1 forme le *nombre*   DIX,
  qu'on *écrit* de cette manière . . . .   10 ;

UN ZÉRO à la droite du *chiffre* 2 forme le *nombre*   VINGT,
  qu'on *écrit* de cette manière . . . .   20 ;

UN ZÉRO à la droite du *chiffre* 3 forme le *nombre*   TRENTE,
  qu'on *écrit* de cette manière . . . .   30 ;

UN ZÉRO à la droite du *chiffre* 4 forme le *nombre*   QUARANTE,
  qu'on *écrit* de cette manière . . . .   40 ;

UN ZÉRO à la droite du *chiffre* 5 forme le *nombre* CINQUANTE,
  qu'on *écrit* de cette manière . . . .   50 ;

UN ZÉRO à la droite du *chiffre* 6 forme le *nombre* SOIXANTE,
  qu'on *écrit* de cette manière . . . .   60 ;

UN ZÉRO à la droite du *chiffre* 7 forme le *nombre* SEPTANTE,
  qu'on *écrit* de cette manière . . . .   70.

(*). Cette manière de FORMER LES DIXAINES et en général les *nombres décuples*, paraît plus intelligible et semble mieux faire ressortir l'effet du zéro *placé à la droite des chiffres* et la *valeur* de ceux-ci, suivant le rang qu'ils occupent ; elle est éminemment propre à initier de bonne heure les élèves à la *pratique de l'arithmétique* dont les opérations exigent l'emploi des CHIFFRES. Les enfants, en effet, ont moins, dans le calcul, à faire usage des nombres que des chiffres qui les représentent. La *loi de formation* que nous avons suivie convient donc parfaitement à l'enfance, car elle tient de la *méthode intuitive* qui est celle que les jeunes intelligences saisissent le plus facilement. — Je serai heureux si j'ai réussi à me faire comprendre, et si mes vœux ardents pour l'instruction de la jeunesse se réalisent.

Un zéro à la droite du *chiffre* 8 forme le *nombre* HUITANTE,
  qu'on *écrit* de cette manière. . . . .   80 ;

Un zéro à la droite du *chiffre* 9 forme le *nombre* NONANTE,
  qu'on *écrit* de cette manière. . . . .   90.

Donc :

21. —   10   20   30   40
       DIX, VINGT, TRENTE, QUARANTE,
         50   60   70
     CINQUANTE, SOIXANTE, SEPTANTE,
         80   90
       HUITANTE,   NONANTE,

sont les DIXAINES *ou les* UNITÉS DU DEUXIÈME ORDRE.

Vous le voyez — **mes amis** — c'est le ZÉRO qui, placé à la *droite des unités simples,* fait exprimer à celles-ci des nombres *dix fois plus grands* ou des DIXAINES.

Le ZÉRO, *mis à la droite de chaque chiffre,* remplace donc le mot DIXAINE.

La *première dixaine,* ou DIX, n'est autre chose que le nombre *neuf* augmenté d'*une unité;* elle vaut donc *dix unités.*

Ainsi :

UNE DIXAINE fait *dix unités*   10
DEUX DIXAINES font *vingt unités.*. . . .   20
TROIS DIXAINES font *trente unités.*. . .   30
QUATRE DIXAINES font *quarante unités.*   40
CINQ DIXAINES font *cinquante unités.* .   50

28   EXERCICES PRATIQUES.

Six dixaines font *soixante unités.* .   60
Sept dixaines font *septante unités.* .   70
Huit dixaines font *huitante unités.* . 80
Neuf dixaines font *nonante unités.* . . 90

Un zéro *placé à la droite des unités simples formant des nombres dix fois plus grands,* l résulte, de cette propriété du zéro, deux principes de calcul d'une application utile et facile.

Donc :

22. — POUR RENDRE DIX FOIS PLUS GRAND *un nombre entier, il faut écrire* UN ZÉRO A LA DROITE DE CE NOMBRE.

Et réciproquement :

23. — POUR RENDRE DIX FOIS PLUS PETIT *un nombre entier terminé par un ou plusieurs zéros, il faut supprimer* UN ZÉRO A LA DROITE DE CE NOMBRE.

Le *zéro* jouit encore d'autres propriétés que je vous ferai connaître prochainement.

QUESTIONNAIRE.

20. — *Comment forme-t-on les dixaines?*
21. — *Comment les représente-t-on ?*
22. — *Quelles sont les unités du deuxième ordre ?*
23. — *Comment rend-on dix fois plus grand un nombre entier ?*
24. — *Comment rend-on dix fois plus petit un nombre entier terminé par un ou plusieurs zéros ?*

EXERCICES PRATIQUES.

10. Quel est le *nom* du nombre qui suit 9, et comment représente-t-on ce nombre?

11. Combien faut-il de *zéros* à la droite des chiffres significatifs pour former des dixaines ?

12. Comptez de *un* à *dix* et de *dix* à *un*.

13. Nommez les unités du *deuxième ordre*.

14. Combien valent d'unités : *Neuf dixaines.* — *Huit dixaines.* — *Sept dixaines.* — *Six dixaines.* — *Cinq dixaines.* — *Quatre dixaines.* — *Trois dixaines.* — *Deux dixaines.* — *Une dixaine ?*

15. Formez des *dixaines* avec les nombres suivants :

4 — 6 — 5 — 7 — 1 — 8 — 3 — 2 — 5 — 7 —
5 — 3 — 8 — 9 — 1 — 6 — 4 — 8 — 2 — 9

16. Exprimez en *chiffres* les noms des nombres suivants :

Dix. — *Trois.* — *Huit.* — *Vingt.* — *Quarante.* — *Sept.* — *Cinq.* — *Six.* — *Deux.* — *Zéro.* — *Neuf.* — *Soixante.* — *Trente.* — *Quatre.* — *Septante.* — *Un.* — *Nonante.* — *Huitante.* — *Huit.* — *Cinquante.* — *Six.*

17. Nommez les *nombres* suivants :

6 — 60 — 5 — 50 — 7 — 70 — 2 — 20 — 4 —
40 — 8 — 80 — 1 — 10 — 30 — 70 — 50 — 9 —
8 — 0 — 80 — 10 — 4 — 0 — 3 — — 9 — 5 — 7.

18. Rendez *dix fois plus grands* les nombres suivants :

9 — 8 — 7 — 6 — 5 — 4 — 3 — 2 — 1
1 — 2 — 3 — 4 — 5 — 6 — 7 — 8 — 9
3 — 4 — 1 — 9 — 8 — 6 — 7 — 9 — 8
4 — 7 — 5 — 9 — 7 — 3 — 2 — 4 — 5

19. Rendez *dix fois plus petits* les nombres suivants :

90 — 80 — 70 — 60 — 50 — 40 — 30 — 20 — 10
10 — 20 — 30 — 40 — 50 — 60 — 70 — 80 — 90

20. Quels *nombres* forment :

Un *huit* et *un zéro*? — Un *un* et *un zéro*? — Un *sept* et *un zéro*? — Un *six* et *un zéro*? — Un *cinq* et *un zéro*? —

Un *trois* et *un zéro* ? — Un *deux* et *un zéro* ? — Un *quatre* et *un zéro* ? — Un *neuf* et *un zéro* ?

21. Nommez les *chiffres significatifs*. — Ecrivez-les au tableau (*).

22. Comptez les doigts de vos deux mains.

23. Indiquez avec les doigts la valeur respective des *dix premiers nombres*, en prenant le doigt pour unité.

24. Quels *nombres* forment :

Une dixaine et *dix* ? — *Une dixaine* et *vingt* ? — *Une dixaine* et *trente* ? — *Une dixaine* et *quarante* ? — *Une dixaine* et *cinquante* ? — *Une dixaine* et *soixante* ? — *Une dixaine* et *séptante* ? — *Une dixaine* et *huitante* ?

25. Combien y a-t-il d'*unités* dans chacune des lignes suivantes, l'unité étant représentée par un point noir ?

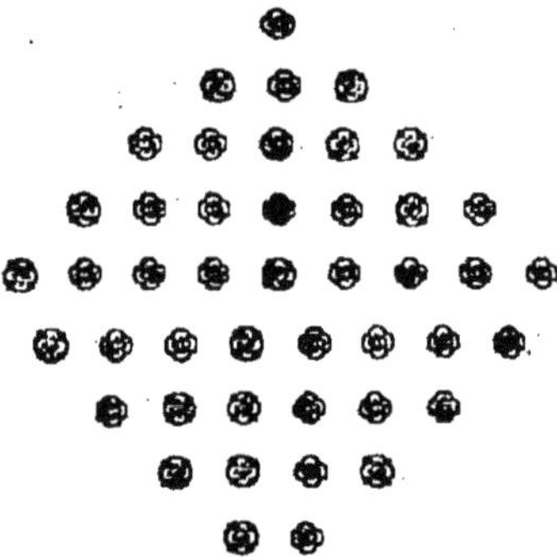

26. Représentez par des *chiffres* les nombres que forment ces collections d'unités, en suivant l'ordre de la figure ci-dessus.

ENTRETIEN VIII.

Nomenclature et écriture des dixaines.

(SUITE.)

Si vous avez été attentifs aux leçons précédentes, vous pourrez — **mes amis** — compter déjà, et sans employer de *mots* ni de *signes nouveaux*, jusqu'à NEUF DIXAINES et NEUF UNITÉS de choses quelconques, puisque les dixaines se forment à l'aide des *neuf chiffres significatifs* et du *zéro* que vous connaissez. Je suppose que l'on vous donne à compter les pommes renfermées dans un panier. Pour en connaître le nombre, il vous suffira de former de *petits tas égaux* contenant chacun *dix pommes*; vous continuerez de cette manière jusqu'au *neuvième tas*, et si les pommes qui restent dans le panier n'excèdent pas neuf, vous pourrez encore en faire de *petits tas d'unités de pommes*. Et de même que, pour compter celles-ci, vous avez dit : *une pomme, deux pommes, trois pommes, quatre pommes, cinq pommes, six pommes, sept pommes, huit pommes* et *neuf pommes*; vous direz : *une dixaine de pommes, deux dixaines de pommes*, et ainsi de suite jusqu'à *neuf dixaines de pommes*. Vous direz donc que la quantité de pommes que vous avez comptées, est de *neuf dixaines de pommes* et de *neuf pommes*, c'est-à-dire de *nonante pommes* plus *neuf pommes*.

Donc :

24. — ON COMPTE PAR DIXAINES *comme* ON COMPTE PAR UNITÉS SIMPLES, *jusqu'à* NEUF DIXAINES.

Ainsi :

DE MÊME QU'ON DIT :	ON DIT :
Une unité ou UN.	*Une dixaine.*
Deux unités ou DEUX . . .	*Deux dixaines.*
Trois unités ou TROIS. . .	*Trois dixaines.*
Quatre unités ou QUATRE .	*Quatre dixaines.*
Cinq unités ou CINQ. . . .	*Cinq dixaines.*
Six unités ou SIX	*Six dixaines.*
Sept unités ou SEPT . . .	*Sept dixaines.*
Huit unités ou HUIT . . .	*Huit dixaines.*
Neuf unités ou NEUF . . .	*Neuf dixaines.*

ET PAR ABRÉVIATION :

DIX.	10
VINGT	20
TRENTE	30
QUARANTE . . .	40
CINQUANTE . . .	50
SOIXANTE. . . .	60
SEPTANTE. . . .	70
HUITANTE . . .	80
NONANTE. . . .	90

Mais pour que la *nomenclature des dixaines fût régulière*, il faudrait — **mes amis** — que l'on dit :
unante, duante, au lieu de *dix, vingt;* car alors le *nom*
de chaque dixaine indiquerait le *rang* qu'elle occupe
parmi les autres dixaines.

Ainsi :

UNANTE . .	désignerait la *première dixaine.*
DUANTE . .	désignerait la *deuxième dixaine.*

Comme :

TRENTE. . .	désigne . .	la *troisième dixaine.*
QUARANTE. .	désigne . .	la *quatrième dixaine.*
CINQUANTE. .	désigne . .	la *cinquième dixaine.*
SOIXANTE . .	désigne . .	la *sixième dixaine.*
SEPTANTE . .	désigne . .	la *septième dixaine.*
HUITANTE . .	désigne . .	la *huitième dixaine.*
NONANTE . .	désigne . .	la *neuvième dixaine.*

Mais l'usage a prévalu, et les expressions *dix* et *vingt* ont été conservées.

Malheureusement encore, l'USAGE, qui est un grand maître, a changé, dans certaines parties de la France, les trois derniers mots de la *nomenclature des dixaines.*

AU LIEU DE DIRE : *Septante, Huitante, Nonante ;*

ON DIT : *Soixante-dix, Quatre-vingts, Quatre-vingt-dix* (*).

Noms moins naturels et plus longs que les premiers que l'on devrait préférer, afin de ne pas détruire l'uniformité de notre *système de numération décuple;* car n'est-il pas bizarre de compter de *vingt* en *vingt* depuis *soixante* jusqu'à *cent,* quand, partout ailleurs, on ne compte que de *dix* en *dix.* Mais ce n'est pas — **mes amis** — le seul inconvénient qui résulte de l'emploi des expressions numériques *soixante-dix, quatre-vingts, quatre-vingt-dix;* car vous remarquerez, comme moi, que, dans la dictée de ces nombres, on écrit souvent un 6 pour un 7 et un 8 pour un 9.

(*) L'expression numérique *vingt,* répétée plusieurs fois, ne prend pas de S, si elle est suivie d'un autre mot désignant un nombre ; dans le cas contraire, elle suit la règle générale du pluriel. Exemple : *Quatre-vingt S, quatre-vingt-dix.*

En Suisse, dans la Flandre, et notamment dans le midi de la France, on a conservé les dénominations *septante*, *huitante*, *nonante*.

On remplace souvent le mot *huitante* par son équivalent OCTANTE.

Ainsi donc — **mes amis** — à l'exception des noms UNANTE, DUANTE et HUITANTE ou OCTANTE, qui ne sont pas encore entrés dans les habitudes du langage de notre contrée, nous suivrons la *nomenclature naturelle des dixaines*, c'est-à-dire, que nous substituerons aux expressions vicieuses *soixante-dix* et *quatre-vingt-dix*, les dénominations plus rationnelles SEPTANTE et NONANTE.

L'expression *quatre-vingts*, que l'usage a malheureusement consacrée, vient d'une ancienne habitude de compter par *vingtaines*. C'est de là que provient le nom de QUINZE – VINGTS donné à l'hospice des aveugles à Paris, parce qu'il était destiné à recevoir TROIS CENTS vieillards aveugles. C'est à *Saint-Louis*, l'un des plus grands rois dont la France et la religion s'honorent, que l'on doit la fondation de cet utile établissement (*).

QUESTIONNAIRE.

24. — *Comment compte-t-on par dixaines ?*

(*) VIII.

Mes enfants, de l'aveugle honorez la présence ;
Prodiguez-lui toujours vos respects et vos soins.
Croyez à ses avis, à son expérience :
Il sait bien mieux que vous quels sont vos vrais besoins.

IX.

Songez, *mes chers amis*, qu'il faut que la jeunesse
Respecte les vieillards, écoute leurs discours,
Demande leurs conseils, leur donne ses secours,
Et par ses soins constants soulage leur faiblesse.

EXERCICES PRATIQUES.

27. Combien valent d'*unités* :

Une dixaine et trois dixaines ? — Deux dixaines et une dixaine ? — Huit dixaines et une dixaine ? — Six dixaines et trois dixaines ? — Quatre dixaines et une dixaine ? — Neuf dixaines ? — Cinq dixaines et deux dixaines ?

28. Pour abréger, par quels *noms* remplace-t-on les dénominations suivantes :

Neuf dixaines ? — Une dixaine ? — Huit dixaines ? — Deux dixaines ? — Sept dixaines ? — Trois dixaines ? — Six dixaines ? — Quatre dixaines ? — Cinq dixaines ?

29. Représentez par des *chiffres* ces expressions numériques.

30. Combien valent de *dixaines* et d'*unités* les nombres suivants :

20 — 50 — 10 — 40 — 60 — 50 — 70 — 90 — 80

31. Nommez, en commençant par la droite, les *nombres* suivants :

8 — 10 — 50 — 4 — 80 — 5 — 2 — 90 — 0 — 3
3 — 40 — 20 — 1 — 6 — 30 — 60 — 7 — 70 — 8.

32. Nommez-les, en commençant par la gauche.

33. Quel est le *plus grand* de ces nombres ?

34. Quel est le *plus petit* de ces nombres ?

35. Combien de fois 60 est-il *plus grand* que 6 ?

36. Combien de fois 5 est-il *plus petit* que 50 ?

37. Comptez de *une dixaine* à *neuf dixaines*, et de *neuf dixaines* à *une dixaine*.

38. Écrivez au tableau noir ou sur vos ardoises, en faisant bien les chiffres, les *neuf unités simples*, et, au-dessous, les *neuf dixaines*, de manière que le *zéro* soit sous les *unités simples*.

39. Combien faut-il d'*unités simples* pour former :

Quatre dixaines? — Neuf dixaines? — Une dixaine? — Trois dixaines? — Six dixaines? — Huit dixaines? — Deux dixaines? — Cinq dixaines? — Sept dixaines?

40. Quels *nombres* forment :

Huit dixaines	ajoutées à	*une dixaine?*
Une dixaine	ajoutée à	*sept dixaines?*
Deux dixaines	ajoutées à	*cinq dixaines?*
Trois dixaines	ajoutées à	*quatre dixaines?*
Quatre dixaines	ajoutées à	*deux dixaines?*
Une dixaine	ajoutée à	*quatre dixaines?*
Deux dixaines	ajoutées à	*deux dixaines?*
Une dixaine	ajoutée à	*une dixaine?*

41. La nomenclature des dixaines est-elle *régulière?*

42. Pourquoi les dénominations *septante*, *huitante* et *nonante* sont-elles préférables à celles de *soixante-dix*, *quatre-vingts* et *quatre-vingt-dix?*

43. Pourquoi devrait-on dire *unante*, *duante*, au lieu de *dix*, *vingt?*

44. Par quel mot remplace-t-on le mot *huitante?*

ENTRETIEN IX.

Nomenclature et écriture des centaines.

PROPRIÉTÉS DU ZÉRO.

Vous savez — **mes amis** — qu'un *zéro*, placé à la droite des unités simples, forme des nombres *dix fois plus grands*, ou des DIXAINES.

Par la même raison, *un zéro*, placé à la droite des dixaines, formerait des nombres *dix fois plus grands* encore. Or, les nombres *dix fois plus grands que les dixaines* ont été nommés CENTAINES OU CENTS.

Donc :

25. — POUR FORMER LES CENTAINES, *il faut écrire* DEUX ZÉROS A LA DROITE DES NEUF UNITÉS SIMPLES.

Ainsi :

DEUX ZÉROS à la droite du *chiffre* 1 forment le *nombre* . . . .   CENT,
    qu'on *écrit* de cette manière . .   100 ;

DEUX ZÉROS à la droite du *chiffre* 2 forment le *nombre* . . . .   DEUX CENTS,
    qu'on *écrit* de cette manière . .   200 ;

DEUX ZÉROS à la droite du *chiffre* 3 forment le *nombre* . . . .   TROIS CENTS,
    qu'on *écrit* de cette manière . .   300 ;

DEUX ZÉROS à la droite du *chiffre* 4 forment le *nombre* . . . .   QUATRE CENTS,
    qu'on *écrit* de cette manière . .   400 ;

Deux zéros à la droite du *chiffre* 5 for-
    ment le *nombre* . . . .   CINQ CENTS,
        qu'on *écrit* de cette manière . .   500;
Deux zéros à la droite du *chiffre* 6 for-
    ment le *nombre* . . . .   SIX CENTS,
        qu'on *écrit* de cette manière . .   600;
Deux zéros à la droite du *chiffre* 7 for-
    ment le *nombre* . . . .   SEPT CENTS,
        qu'on *écrit* de cette manière . .   700;
Deux zéros à la droite du *chiffre* 8 for-
    ment le *nombre* . . . .   HUIT CENTS,
        qu'on, *écrit* de cette manière . .   800;
Deux zéros à la droite du *chiffre* 9 for-
    ment le *nombre* . . . .   NEUF CENTS,
        qu'on *écrit* de cette manière . .   900.

Donc :

26. — **100** **200** **300**
CENT, DEUX CENTS, TROIS CENTS,
400 **500** **600**
QUATRE CENTS, CINQ CENTS, SIX CENTS,
700 **800** **900**
SEPT CENTS, HUIT CENTS, NEUF CENTS,

sont les CENTAINES *ou les* UNITÉS DU TROISIÈME
ORDRE.

Vous le voyez — **mes amis** — c'est le ZÉRO qui
fait exprimer aux *unités simples* des nombres *dix fois
plus grands* nommés DIXAINES, ou des nombres *cent
fois plus grands* nommés CENTAINES, suivant qu'il est

écrit *une fois* ou *deux fois* à la droite de ces mêmes unités.

DEUX ZÉROS, mis à la *droite de chaque chiffre*, remplacent donc le mot CENTAINE.

La *première centaine* ou CENT n'est autre chose que *l'unité ajoutée cent fois à elle - même*, ou le nombre NONANTE-NEUF *plus* UN.

Ainsi :

UNE CENTAINE	fait *cent unités.* . . .	100
DEUX CENTAINES	font *deux cents unités* .	200
TROIS CENTAINES	font *trois cents unités* .	300
QUATRE CENTAINES	font *quatre cents unités.*	400
CINQ CENTAINES	font *cinq cents unités.* .	500
SIX CENTAINES	font *six cents unités.* . .	600
SEPT CENTAINES	font *sept cents unités.* .	700
HUIT CENTAINES	font *huit cents unités.* .	800
NEUF CENTAINES	font *neuf cents unités.* .	900

Vous avez vu — **mes amis** — que l'on compte par *dixaines* comme par *unités simples*. On compte également par CENTAINES.

Donc :

27. — ON COMPTE PAR CENTAINES *comme* ON COMPTE PAR UNITÉS SIMPLES ET PAR DIXAINES, *jusqu'à* NEUF CENTAINES.

Ainsi :

DE MÊME QU'ON DIT :	ON DIT :
Une unité, une dixaine	*Une centaine.*
Deux unités, deux dixaines . . .	*Deux centaines.*
Trois unités, trois dixaines . . .	*Trois centaines.*

Quatre unités, quatre dixaines. .   Quatre centaines.
Cinq unités, cinq dixaines. . . . Cinq centaines.
Six unités, six dixaines . . . . Six centaines.
Sept unités, sept dixaines. . . . Sept centaines.
Huit unités, huit dixaines . . . Huit centaines.
Neuf unités, neuf dixaines . . . Neuf centaines.

ET PAR ABRÉVIATION :

CENT. 100
DEUX CENTS . . . 200
TROIS CENTS. . . 300
QUATRE CENTS . . 400
CINQ CENTS. . . . 500
SIX CENTS 600
SEPT CENTS. . . . 700
HUIT CENTS. ﹨ . . 800
NEUF CENTS. . . . 900

DEUX ZÉROS *placés à la droite des unités simples for-*
mant des nombres cent fois plus grands, il résulte de
cette propriété du zéro deux principes de calcul d'une
application utile et facile.

Donc :

28. — POUR RENDRE CENT FOIS PLUS
GRAND *un nombre entier, il faut écrire* DEUX
ZÉROS A LA DROITE DE CE NOMBRE.

Et réciproquement :

29. — POUR RENDRE CENT FOIS PLUS
PETIT *un nombre entier terminé par des zéros,*
il faut supprimer DEUX ZÉROS A LA DROITE DE CE
NOMBRE.

Le *zéro* a d'autres propriétés encore que je vous ferai connaître, si vous continuez à être attentifs à mes leçons (*).

QUESTIONNAIRE.

25. — *Que faut-il faire pour former les centaines?*

26. — *Quelles sont les unités du troisième ordre ?*

27. — *Comment compte-t-on par centaines?*

28. — *Que faut-il faire pour rendre cent fois plus grand un nombre entier?*

29. — *Que faut-il faire pour rendre cent fois plus petit un nombre entier terminé par des zéros ?*

EXERCICES PRATIQUES.

45. Quel est le *nom* du nombre qui suit 99, et comment représente-t-on ce nombre ?

46. Combien faut-il de *zéros* à la droite des chiffres significatifs pour former des *centaines*?

47. Combien valent de *centaines*, de *dixaines* et d'*unités :*

Une centaine et huit centaines ? — Sept centaines et deux centaines ? — Trois centaines et une centaine? — Quatre centaines et trois centaines ? — Neuf centaines? — Six centaines et deux centaines ? — Huit centaines et une centaine?

(*) X.

Veut-on que du travail la peine soit légère !
Il faut être attentif, et ne point se distraire.
Pour faire avec aisance un ouvrage parfait,
Il ne faut s'occuper que de ce que l'on fait.

XI.

C'est votre attention qui, dans votre travail,
Peut vous faire obtenir un succès plus facile.
Appliquez-vous, *enfants* ; croyez qu'il est utile
De creuser avec soin jusqu'au moindre détail.

— *Cinq centaines* et *trois centaines* ? — *Quatre centaines* et *quatre centaines* ?

48. Pour abréger, par quels *noms* remplace-t-on les dénominations suivantes :

Neuf centaines ? — *Une centaine* ? — *Huit centaines* ? — *Deux centaines* ? — *Sept centaines* ? — *Trois centaines* ? — *Six centaines* ? — *Quatre centaines* ? — *Cinq centaines* ?

49. Représentez par des *chiffres* ces expressions numériques.

50. Combien valent de *centaines*, de *dixaines* et d'*unités* les nombres suivants :

$$800 - 400 - 600 - 300 - 500 - 900$$
$$- 100 - 700 - 200$$

51. Nommez, en commençant par la droite, les *nombres* suivants :

$$900 - 90 - 9 - 50 - 600 - 7$$
$$200 - 40 - 5 - 30 - 400 - 2$$
$$800 - 60 - 8 - 10 - 700 - 4$$
$$500 - 20 - 6 - 80 - 300 - 3$$
$$1 - 100 - 0$$

52. Nommez-les, en commençant par la gauche.

53. Quel est le *plus grand* de ces nombres ?

54. Quel est le *plus petit* de ces nombres ?

55. Combien de fois 900 est-il *plus grand* que 90 et combien de fois *plus grand* que 9 ?

56. Combien de fois 7 est-il *plus petit* que 70 et combien de fois *plus petit* que 700 ?

57. Écrivez au tableau noir ou sur vos ardoises, en faisant bien les chiffres, les *neuf unités simples*, et, au-dessous, les *neuf dixaines* et les *neuf centaines*, de manière que le *dernier zéro de droite* soit sous les *unités simples* ?

58. Quels *nombres* forment :

Une centaine	ajoutée à	*huit centaines ?*
Huit centaines	ajoutées à	*une centaine ?*
Cinq centaines	ajoutées à	*quatre centaines ?*
Trois centaines	ajoutées à	*six centaines ?*
Six centaines	ajoutées à	*trois centaines ?*
Sept centaines	ajoutées à	*deux centaines ?*
Quatre centaines	ajoutées à	*cinq centaines ?*
Deux centaines	ajoutées à	*sept centaines ?*

59. Rendez *dix fois plus grands* les nombres suivants :

4 — 8 — 3 — 7 — 9 — 1 — 6 — 2 — 5

60. Rendez les mêmes nombres *cent fois plus grands* :

61. Rendez *dix fois plus petits* les nombres suivants :

800 — 200 — 600 — 500 — 400 — 700 — 900
500 — 100

62. Rendez les mêmes nombres *cent fois plus petits ?*

63. Quels *nombres* forment :

Un neuf et *deux zéros ?* — *Un quatre* et *deux zéros ?* — *Un deux* et *deux zéros ?* — *Un trois* et *deux zéros ?* — *Un cinq* et *deux zéros ?* — *Un sept* et *deux zéros ?* — *Un six* et *deux zéros ?* — *Un huit* et *deux zéros ?* — *Un un* et *deux zéros ?*

64. Écrivez ces nombres en *chiffres.*

65. Dites combien chacun de ces nombres contient de *dixaines.*

ENTRETIEN X.

Premier ordre ternaire.

UNITÉS SIMPLES, DIXAINES, CENTAINES.

Vous connaissez maintenant — **mes amis** — les unités du *premier*, du *deuxième* et du *troisième ordre*, c'est-à-dire les UNITÉS SIMPLES, les DIXAINES et les CENTAINES. Vous avez vu combien la manière de les *nommer* et de les *écrire* est ingénieuse et simple. La numération des autres nombres n'est ni moins admirable ni moins facile à saisir; mais avant de vous en entretenir, je crois utile d'appeler encore votre attention sur la PROGRESSION DÉCUPLE (*), sur laquelle est basé tout notre *système de numération* (**).

Vous vous souvenez — **mes amis** — que *dix unités* forment UNE DIXAINE, que *dix dixaines* forment UNE CEN-

---

(*) On entend par *progression décuple* une augmentation successive de dix en dix fois plus forte.

(**) Les détails où j'entre paraîtront minutieux, sans doute; mais qu'on veuille bien se rappeler que je m'adresse à de jeunes intelligences, si frêles encore à l'âge de 7 à 8 ans, et non à des hommes dont le jugement est formé. Et puis, qu'on sache donc que rien n'est plus difficile à apprendre aux enfants que la NUMÉRATION qui est la *base* de tout le calcul. C'est pourquoi — a dit, avec l'autorité du savoir et de l'expérience, M. RIVAIL, dans son excellente arithmétique — il importe d'avoir du système de numération une idée claire, et c'est aussi ce qui manque à la plupart des commençants. Il n'est pas rare de voir des élèves faire des divisions avant de savoir lire ou écrire sans faute des nombres de 3 ou 4 chiffres; à plus forte raison, ne savent-ils pas se rendre un compte exact de la valeur des chiffres; ils diront bien par routine que tel chiffre vaut des dixaines ou des centaines, mais c'est pour eux une abstraction, leur esprit ne conçoit pas cette différence d'une manière lucide; aussi en est-il beaucoup qui ne sauraient pas dire combien un mille contient de dixaines; souvent même ils n'ont pas de la valeur d'une dixaine ou d'une centaine une idée exacte. Si l'élève manque de cette *première institution*,

TAINE : telle est la PROGRESSION DÉCUPLE. Pour avoir une idée exacte de cette progression, placez sur une table *un bouton*, ce sera UNE UNITÉ ; au-dessous posez sur une même ligne *dix boutons*, vous aurez UNE DIXAINE ; au-dessous de celle-ci placez en ligne des tas de *dix boutons* chacun, vous obtiendrez *dix dixaines*, ou *cent unités*, ou UNE CENTAINE.

Si donc nous adoptions un signe particulier pour exprimer les *unités simples*, les *dixaines* et les *centaines*, la représentation numérique de ces *trois ordres d'unités* deviendrait plus sensible. Supposez que nous représentions *une unité* par un 1, *une dixaine* par un X et *une centaine* par un C, alors nous pourrons très-aisément nous rendre compte de la VALEUR des *unités simples*, des *dixaines* et des *centaines*.

Tel est le but des tableaux suivants, sur lesquels j'appelle toute votre attention :

										Unités simples ou UNITÉS DU PREMIER ORDRE.
Un....	1	1								
Deux ..	2	1	1							
Trois ..	3	1	1	1						
Quatre.	4	1	1	1	1					
Cinq...	5	1	1	1	1	1				
Six....	6	1	1	1	1	1	1			
Sept...	7	1	1	1	1	1	1	1		
Huit...	8	1	1	1	1	1	1	1	1	
Neuf.:.	9	1	1	1	1	1	1	1	1	1 (*)

tous les calculs subséquents seront nécessairement routiniers ; il importe donc d'insister beaucoup sur l'intelligence parfaite, claire et lucide de ce système : ce n'est que par des exercices nombreux et surtout par l'emploi de moyens matériels qu'on y parviendra.

(*) Un **1** de plus formerait le nombre *dix* ou la *dixaine*, et l'on pourrait

		Dizaines ou UNITÉS DU DEUXIÈME ORDRE.								
Dix	10	X								
Vingt	20	X	X							
Trente	30	X	X	X						
Quarante....	40	X	X	X	X					
Cinquante ...	50	X	X	X	X	X				
Soixante.....	60	X	X	X	X	X	X			
Septante....	70	X	X	X	X	X	X	X		
Quatre-vingts.	80	X	X	X	X	X	X	X	X	
Nonante.....	90	X	X	X	X	X	X	X	X	X

		Centaines ou UNITÉS DU TROISIÈME ORDRE.								
Cent	100	C								
Deux cents...	200	C	C							
Trois cents ..	300	C	C	C						
Quatre cents.	400	C	C	C	C					
Cinq cents...	500	C	C	C	C	C				
Six cents....	600	C	C	C	C	C	C			
Sept cents...	700	C	C	C	C	C	C	C		
Huit cents...	800	C	C	C	C	C	C	C	C	
Neuf cents...	900	C	C	C	C	C	C	C	C	C

continuer ce tableau jusqu'à *dix dixaines* ou *cent*; mais pour faire moins de traits, il est préférable de représenter chaque dixaine par une X ou une croix penchée dite *croix de Saint-André*. Par la même raison, les centaines ou dix X, sont représentées par un C.

Zéro 0.

Unités simples ou unités du premier ordre :

1   2   3   4   5   6   7   8   9

Dixaines ou unités du deuxième ordre :

10   20   30   40   50   60   70   80   90

Centaines ou unités du troisième ordre :

100   200   300   400   500   600   700   800   900

La réunion des *trois ordres d'unités* forme une *tranche de trois chiffres*, ou un ORDRE TERNAIRE.

Dans un *ordre ternaire*, les unités sont au premier rang, les dixaines au deuxième et les centaines au troisième.

Donc :

30. — *Les unités simples, les dixaines et les centaines forment la première classe d'unités principales, appelée* CLASSE DES UNITÉS SIMPLES, *ou le* PREMIER ORDRE TERNAIRE.

QUESTIONNAIRE.

30. — *Quelles sont les unités qui forment le premier ordre ternaire ?*

EXERCICES PRATIQUES (*).

66. Combien valent d'*unités* :

X — XX — XXX — XXXX — XXXXX — XXXXXX — XXXXXXX
XXXXXXXX — XXXXXXXXX ?

(*) Ces exercices qu'il importe de multiplier le plus possible, sont de nature à initier promptement les élèves à l'intelligence du système de numération.

3.

67. Combien valent de x :

c — cc — ccc — cccc — ccccc — cccccc — ccccccc
ccccccccc — cccccccc ?

68. Par combien de 1 pourrait-on remplacer :

x — ccccccccc — xx — ccccccc — xxx — cccccc —
xxxx — ccccc — xxxxx — cccc — xxxxxx — cccc —
xxxxxxx — ccc — xxxxxxx — cc — xxxxxxxx — c ?

69. Combien y a-t-il d'*unités*, de *dixaines*, de *centaines* dans :

c — xx — 111 — cc — xxx — 1111 — ccc — xxxx
11111 — cccc — xxxxx — 111111 — ccccc — xxxxxx
1111111 — cccccc — xxxxxxx — 11111111 — ccccccc
xxxxxxx — 111111111 — ccccccccc — xxxxxxxxx —
ccccccccc ?

70. Représentez par des *chiffres* les collections de lettres ci-dessus en tenant compte de leur valeur numérique.

ENTRETIEN XI.

Nomenclature et écriture des nombres compris entre un et cent.

Puisqu'il est aussi facile de *compter par centaines* que de *compter par dixaines* et par *unités simples*, vous pourrez donc sans difficulté exprimer le nombre de pommes cueillies dans un verger, s'il ne contient pas plus de *neuf centaines*, de *neuf dixaines* et de *neuf unités* de pommes ; car alors vous direz que ce nombre est composé de *neuf cents pommes*, plus *nonante pommes*, plus *neuf pommes*. Mais cette manière de compter est incommode, puisqu'il faut exprimer SÉPARÉMENT les *centaines*, les *dixaines* et les *unités*. On a donc dû rechercher un moyen beaucoup plus simple de compter.

Voici ce moyen aussi ingénieux que simple :

31. — POUR COMPTER D'UNE DIXAINE A L'AUTRE, *c'est-à-dire* POUR NOMMER LES NOMBRES COMPRIS ENTRE DEUX DIXAINES CONSÉCUTIVES (*), *on place à la suite de chacune d'elles, et successivement, les noms des neuf premiers nombres ; — Et* POUR LES ÉCRIRE *on remplace, successivement, dans chaque dixaine, le zéro, par les chiffres représentant les neuf premiers nombres.*

Ainsi, des *noms* et des *chiffres :*

UNITÉS SIMPLES.		DIXAINES.	
Un	1	*Dix*	10
Deux	2	*Vingt.* . . .	20
Trois. . . .	5	Trente . . .	50
Quatre . . .	4	Quarante . .	40
Cinq	5	Cinquante. .	50
Six.	6	Soixante . .	60
Sept	7	Septante . .	70
Huit	8	*Quatre-vingts.*	80
Neuf	9	Nonante. . .	90

On *nomme* et on *écrit* les nombres :

Dix-un	11	Vingt-un.	21	Trente-un	31
Dix-deux	12	Vingt-deux.	22	Trente-deux. . . .	32
Dix-trois	13	Vingt-trois	23	Trente-trois . . .	33
Dix-quatre	14	Vingt-quatre . . .	24	Trente-quatre. .	34
Dix-cinq	15	Vingt-cinq	25	Trente-cinq. . . .	35
Dix-six	16	Vingt-six.	26	Trente-six	36
Dix-sept	17	Vingt-sept	27	Trente-sept	37
Dix-huit	18	Vingt-huit	28	Trente-huit. . . .	38
Dix-neuf.	19	Vingt-neuf	29	Trente-neuf. . . .	39

(*) On appelle *nombres consécutifs* deux nombres entiers qui ne diffèrent que de l'unité. Tels sont : *huit* et *neuf.*

Quarante-un....	41	Cinquante-un ...	51	Soixante-un ...	61
Quarante-deux..	42	Cinquante-deux .	52	Soixante-deux ..	62
Quarante-trois..	43	Cinquante-trois..	53	Soixante-trois..	63
Quarante-quatre.	44	Cinquante-quatre.	54	Soixante-quatre.	64
Quarante-cinq...	45	Cinquante-cinq ..	55	Soixante-cinq ..	65
Quarante-six....	46	Cinquante-six ...	56	Soixante-six ...	66
Quarante-sept...	47	Cinquante-sept...	57	Soixante-sept...	67
Quarante-huit...	48	Cinquante-huit ..	58	Soixante-huit ..	68
Quarante-neuf ..	49	Cinquante-neuf..	59	Soixante-neuf ..	69

Septante-un	71	*Quatre-vingt-un..*	81	Nonante-un	91
Septante-deux	72	*Quatre-vingt-deux*	82	Nonante-deux	92
Septante-trois.....	73	*Quatre-vingt-trois*	83	Nonante-trois.....	93
Septante-quatre...	74	*Quatre-vingt-quatre*	84	Nonante-quatre ...	94
Septante-cinq.	75	*Quatre-vingt-cinq.*	85	Nonante-cinq.....	95
Septante-six......	76	*Quatre-vingt-six.*	86	Nonante-six......	96
Septante-sept.....	77	*Quatre-vingt-sept.*	87	Nonante-sept	97
Septante-huit.....;	78	*Quatre-vingt-huit.*	88	Nonante-huit	98
Septante-neuf.....	79	*Quatre-vingt-neuf*	89	Nonante-neuf.....	99

ou tous les nombres depuis UN *jusqu'à* NONANTE-NEUF.

L'USAGE nous force encore — **mes amis** — à nous écarter de la règle générale pour la nomenclature des nombres compris entre *dix* et *dix-sept*, sans doute à cause du fréquent emploi que l'on fait de ces premiers nombres.

Ainsi, au lieu de dire :

Dix-un, Dix-deux, Dix-trois, Dix-quatre, Dix-cinq, Dix-six;

On dit :

ONZE, DOUZE, TREIZE, QUATORZE, QUINZE, SEIZE.

Avant de passer à la *nomenclature* et à l'*écriture* des

nombres *plus grands* que les centaines, il nous reste à voir — **mes amis** — comment on *compte d'une centaine à une autre centaine,* c'est-à-dire comment on NOMME et comment on ÉCRIT les nombres compris entre *deux centaines consécutives.*

QUESTIONNAIRE.

51. — *Comment compter d'une dixaine à l'autre dixaine?*

EXERCICES PRATIQUES.

71. Comptez de *un* à *trente-cinq.* — De *quatre* à *dix-neuf.* — De *vingt-six* à *cinquante-deux.* — De *quinze* à *soixante-trois.* — De *septante-deux* à *quatre-vingt-quatre.* — De *nonante* à *nonante-neuf.* — De *dix-huit* à *trente.* — De *quatre-vingts* à *cent.* — De *quarante-neuf* à *soixante.* — De *un* à *cent* et de *cent* à *un* ?

72. Comment nomme-t-on les nombres depuis *un* jusqu'à *nonante-neuf?* — Comment les écrit-on?

73. Lisez les *nombres* suivants et écrivez-les en lettres :

99 — 89 — 79 — 69 — 59 — 49 — 39 — 29 — 19 — 9
90 — 80 — 70 — 60 — 50 — 40 — 30 — 20 — 10 — 1
9 — 8 — 7 — 6 — 5 — 4 — 3 — 2 — 1 — 0
12 — 36 — 28 — 45 — 66 — 27 — 19 — 48 — 70 — 7
88 — 95 — 77 — 94 — 55 — 91 — 44 — 90 — 33 — 8
1 — 35 — 4 — 19 — 26 — 52 — 15 — 63 — 72 — 84

74. Lisez ces *nombres,* en commençant par la *gauche.*

75. Quels *nombres* forment :

Neuf dixaines et *deux unités ?* — *Trois dixaines* et *neuf unités ?* — *Huit unités* et *sept dixaines ?* — *Six unités* et *quatre dixaines ?* — *Cinq dixaines* et *cinq unités ? — Deux dixaines* et *une unité ? — Quarante unités* et *une dixaine ? — Sept unités* et *sept dixaines ? — Dix dixaines ?*

76 PAUL, ayant mieux étudié ses leçons que PIERRE, a reçu *trois dixaines* de bons points, et PIERRE n'a reçu que *trois bons-points*. De combien le nombre de PAUL est-il *plus grand* que celui de PIERRE ?

77. Trois écoliers ont reçu, pour leur bonne conduite, le premier *vingt* bons-points, le deuxième *dix* et le troisième *neuf*. Combien le maître leur a-t-il donné de bons-points ?

78. Formez des *dixaines* avec les nombres suivants :

9 — 8 — 7 — 6 — 5 — 4 — 3 — 2 — 1

79. Que deviendraient ces mêmes nombres si vous ajoutiez *deux zéros* à leur droite ?

80. Dans un *ordre ternaire*, quel rang occupent les centaines, les dixaines et les unités?

81. PAUL a *dix dixaines* de boutons, PIERRE *nonante-neuf* plus *un*, et JACQUES a *cent* boutons. Quel est celui qui en a le plus?

82. Comptez les lettres de l'alphabet français.

83. Comptez les voyelles, comptez les consonnes.

84. Que signifie *nonante-cinq*?

85. Quel est le nombre qui suit *cinquante-neuf*?

86. Quel est le nombre qui précède *cent* ?

87. Il y a dans une bergerie *trois dixaines* de moutons et *neuf* brebis. Combien renferme-t-elle de ces animaux?

ENTRETIEN XII.

Nomenclature et écriture des nombres compris entre cent et mille (*).

Vous n'avez pas oublié — mes amis — que le nombre NEUF, *augmenté d'une unité*, forme le nombre DIX ou *une dixaine*, que le nombre NONANTE-NEUF, *augmenté d'une unité*, forme le nombre CENT ou *une centaine*; que l'on *compte par dixaines et par centaines* comme *l'on compte par unités simples*. Mais vous ignorez sans doute comment ON COMPTE D'UNE CENTAINE A L'AUTRE CENTAINE. Rien de plus facile cependant. De même que, pour former les nombres compris entre deux dixaines consécutives, vous avez ajouté les *neuf premiers nombres* qui les séparaient; de même, pour former les nombres compris entre deux centaines consécutives, vous y ajouterez successivement les NOMS et les CHIFFRES des *nonante-neuf premiers nombres.*

Donc :

32. — POUR COMPTER D'UNE CENTAINE A L'AUTRE, *c'est-à-dire* POUR NOMMER LES NOMBRES COMPRIS ENTRE DEUX CENTAINES CONSÉCUTIVES, *on place à la suite du nom de chacune d'elles, et successivement, les noms des nonante-neuf premiers nombres;* — *Et* POUR LES ÉCRIRE *on remplace, successivement, dans chaque centaine, les deux zéros par les chiffres représentant les nonante-neuf premiers nombres.*

(*) Voir, pour l'expression numérique *mille*, l'entretien XIII.

Ainsi, des *noms* et des *chiffres* :

Un 1 — Deux 2 — Trois 3 — Quatre 4 — Cinq 5 — Six 6
Sept 7 — Huit 8 — Neuf 9 — Dix 10 — Onze 11 — Douze 12
et tous les autres nombres jusqu'à nonante-neuf 99,

Cent. . . .	100	Cinq cents .	500
Deux cents .	200	Six cents. .	600
Trois cents .	300	Sept cents .	700
Quatre cents.	400	Huit cents .	800
		Neuf cents .	900

On *nomme* et on *écrit* les nombres :

Cent un.	101	Cent nonante-neuf	199
Cent deux.	102	Deux cent nonante-neuf. . . .	299
Cent trois	103	Trois cent nonante-neuf . . .	399
Cent quatre.	104	Quatre cent nonante-neuf. .	499
Cent cinq.	105	Cinq cent nonante-neuf	599
Cent six.	106	Six cent nonante-neuf.	699
Cent sept.	107	Sept cent nonante-neuf. . . .	799
Cent huit.	108	Huit cent nonante-neuf. . . .	899
Cent neuf.	109	Neuf cent nonante-neuf. . . .	999
Cent dix	110		

(Et ainsi de suite jusqu'à)

ou tous les nombres depuis UN *jusqu'à* NEUF CENT
NONANTE—NEUF (*).

QUESTIONNAIRE.

32. — *Comment compter d'une centaine à une autre
centaine ?*

(*) L'expression numérique *cent*, répétée plusieurs fois, ne prend pas
de S, si elle est suivie d'un autre mot désignant un nombre ; dans le cas
contraire, elle suit la règle générale du pluriel. Exemple : *neuf cent*S,
neuf cent nonante-neuf.

EXERCICES PRATIQUES.

88. Comment nomme-t-on les nombres depuis *un* jusqu'à *neuf cent nonante-neuf?* — Comment les écrit-on?

89. Lisez les *nombres* suivants et écrivez-les en lettres :

109 — 812 — 736 — 645 — 509 — 613 — 899 —
901 — 218 — 637 — 546 — 905 — 316 — 998 —
190 — 281 — 567 — 654 — 950 — 634 — 989 —
444 — 533 — 222 — 111 — 000 — 765 — 365 —
191 — 522 — 305 — 519 — 827 — 417 — 620 —
900 — 808 — 102 — 707 — 505 — 909 — 999 —

90. Écrivez en *chiffres* les nombres suivants, de manière que les unités de chaque ordre soient les unes sous les autres :

Cent un — Neuf cent nonante-neuf — Deux cent six — Cinq cent quinze — Huit cent huit — Sept cent trois — Sept cent septante-sept — Quatre cent dix-neuf — Cent quatre-vingts — Six cent quatre-vingt-huit — Sept cent cinq — Quatre cent quatre — Trois cent soixante-cinq — Huit cent nonante — Deux cent dix-sept — Neuf cent onze — Huit cent nonante-neuf — Six cents.

91. Comptez de *neuf cents* à *neuf cent septante-neuf* — De *sept cent six* à *sept cent trente-huit* — De *cinq cent vingt neuf* à *six cent neuf* — De *huit cents* à *huit cent cinquante-sept* — De *sept cent septante-sept* à *neuf cent nonante-neuf* — De *deux cents* à *trois cent cinq.*

92. Combien y a-t-il *d'unités*, de *dixaines* et de *centaines* dans chacun des nombres du numéro 89 ?

93. Quels *nombres* forment :

Trois centaines, six dixaines et cinq unités ? — Une centaine, neuf dixaines et deux unités ? — Huit unités, sept dixaines et neuf centaines ? — Cinq dixaines, trois unités et quatre centaines ? — Six centaines, sept unités et deux dixaines ? — Sept centaines, zéro dixaine et six unités.

94. Que signifie le nombre *trois cent soixante-cinq*?

95. Quel est le nombre qui suit *cent nonante-neuf*?

96. Quel est le nombre qui précède *cinq cents*?

97. La garnison d'une ville se compose de *trois centaines* de soldats, de *deux dixaines* de sous-officiers et de *neuf officiers* — Quel est le nombre d'hommes de cette garnison?

98. Comment indiquerez-vous par un seul nombre *huit centaines, cinq dixaines* et *trois unités*?

99. Énoncez par un seul nombre *neuf* moutons, *sept dixaines* de moutons et *six centaines* de moutons.

100. Pierre, Paul, Jacques jouent aux chiques; après la partie, Pierre et Paul ont chacun 100 chiques, et Jacques 99. — Combien possèdent-ils de chiques et combien leur en faudrait-il encore pour en compter 300?

ENTRETIEN XIII.

Nomenclature et écriture des unités de mille.

PROPRIÉTÉS DU ZÉRO.

Vous savez — mes amis — qu'un *zéro*, placé à la droite des unités simples, forme des nombres *dix fois plus grands*, ou des DIXAINES; qu'un *zéro* de plus à la droite des dixaines forme aussi des nombres *dix fois plus grands*, ou des CENTAINES.

Par la même raison, *un zéro*, placé à la droite des centaines, formerait des nombres *dix fois plus grands* encore. Or, les nombres *dix fois plus grands que les* *centaines*, ou *cent fois plus grands que les dixaines,* ont été nommés MILLE OU UNITÉS DE MILLE (*).

Donc :

33. — POUR FORMER LES MILLE, *il faut écrire* TROIS ZÉROS A LA DROITE DES NEUF UNITÉS SIMPLES.

Ainsi :

TROIS ZÉROS à la droite du *chiffre* 1 forment le *nombre* . . . .   MILLE,
    qu'on *écrit* de cette manière . .   1 000 ;

TROIS ZÉROS à la droite du *chiffre* 2 forment le *nombre* . . . .   DEUX MILLE,
    qu'on *écrit* de cette manière . .   2 000 ;

TROIS ZÉROS à la droite du *chiffre* 3 forment le *nombre* . . . .   TROIS MILLE,
    qu'on *écrit* de cette manière . .   3 000 ;

TROIS ZÉROS à la droite du *chiffre* 4 forment le *nombre* . . . .   QUATRE MILLE,
    qu'on *écrit* de cette manière . .   4 000 ;

TROIS ZÉROS à la droite du *chiffre* 5 forment le *nombre* . . . .   CINQ MILLE,
    qu'on *écrit* de cette manière . .   5 000 ;

TROIS ZÉROS à la droite du *chiffre* 6 forment le *nombre* . . . .   SIX MILLE,
    qu'on *écrit* de cette manière . .   6 000 ;

(*) ON ÉCRIT : MIL *pour la date des années :* l'imprimerie a été découverte en *mil* quatre cent soixante-trois ; — MILLE *pour le nombre dix fois cent :* en mil huit cent douze, Napoléon leva contre la Russie un million cent cinquante-sept *mille* hommes ; — MILLE, *avec* S *au pluriel, pour une mesure de chemin :* trois *milles* d'Angleterre font quatre mille huit cent vingt-sept mètres.

Trois zéros à la droite du *chiffre* 7 for-
.. ment le *nombre* . . . .   SEPT MILLE,
        qu'on *écrit* de cette manière . .   7 000 ;
Trois zéros à la droite du *chiffre* 8 for-
.. ment le *nombre* . . . .   HUIT MILLE,
        qu'on *écrit* de cette manière . .   8 000 ;
Trois zéros à la droite du *chiffre* 9 forment le *nombre* . . . .   NEUF MILLE,
        qu'on *écrit* de cette manière . .   9 000.

Donc :

34. — **1 000**   **2 000**   **3 000**
      MILLE, DEUX MILLE, TROIS MILLE,
   4 000   **5 000**   **6 000**
   QUATRE MILLE, CINQ MILLE, SIX MILLE,
   7 000   **8 000**   **9 000**
   SEPT MILLE,   HUIT MILLE,   NEUF MILLE,

sont les MILLE *ou les* UNITÉS DU QUATRIÈME ORDRE.

Vous le voyez — **mes amis** — c'est le *zéro* qui
fait exprimer aux *unités simples* des nombres *dix fois
plus grands* nommés DIXAINES, ou des nombres *cent
fois plus grands* nommés CENTAINES, ou des nombres
mille fois plus grands nommés MILLE, suivant qu'il est
écrit *une fois*, ou *deux fois*, ou *trois fois* à la droite de
ces mêmes unités.

Trois zéros, mis à la *droite de chaque chiffre*, remplacent donc le mot MILLE.

Le *premier mille* n'est autre chose que l'*unité ajoutée
mille fois à elle-même*, ou le nombre NEUF CENT NO-
NANTE-NEUF plus UN.

Ainsi :

Un mille	fait *mille unités.*	1 000
Deux mille	font *deux mille unités* . . .	2 000
Trois mille	font *trois mille unités.*	3 000
Quatre mille	font *quatre mille unités.* . .	4 000
Cinq mille	font *cinq mille unités.* . . .	5 000
Six mille	font *six mille unités*	6 000
Sept mille	font *sept mille unités.* . . .	7 000
Huit mille	font *huit mille unités.* . . .	8 000
Neuf mille	font *neuf mille unités.* . . .	9 000

Trois zéros placés à la droite des unités simples formant des nombres mille fois plus grands, il résulte de cette propriété du zéro deux principes de calcul d'une application utile et facile, que voici :

35. — POUR RENDRE MILLE FOIS PLUS GRAND *un nombre entier, il faut écrire* TROIS ZÉROS A LA DROITE DE CE NOMBRE.

Et réciproquement :

36. — POUR RENDRE MILLE FOIS PLUS PETIT *un nombre entier terminé par des zéros, il faut supprimer* TROIS ZÉROS A LA DROITE DE CE NOMBRE.

QUESTIONNAIRE.

33. — *Que faut-il faire pour former les mille ?*
34. — *Quelles sont les unités du quatrième ordre ?*
35. — *Que faut-il faire pour rendre mille fois plus grand un nombre entier ?*

36. — Que faut-il faire pour rendre mille fois plus petit un nombre entier terminé par des zéros?

EXERCICES PRATIQUES.

101. Quel est le *nom* du nombre qui suit 999, et comment représente-t-on ce nombre?

102. Combien faut-il de *zéros* à la droite des chiffres significatifs pour former des *mille?*

103. Quel est le nom de la *deuxième unité principale* ou de *l'unité principale du deuxième ordre ternaire?*

104. Indiquez le rang qu'occupent les *unités de mille?*

105. Combien valent de *centaines*, de *dixaines* et d'*unités* :

Cinq mille et quatre mille? — Six mille et deux mille? — Deux mille et cinq mille? — Un mille et cinq mille? — Trois mille et deux mille? — Un mille et trois mille? — Deux mille et un mille? — Un mille et un mille?

106. Représentez par des *chiffres* ces expressions numériques.

107. Nommez, en commençant par la gauche, les *nombres* suivants :

1 000 — 9 000 — 2 000 — 8 000 — 5 000 — 7 000
4 000 — 6 000 — 5 000.

108. Quel est le *plus grand* de ces nombres?

109. Quel est le *plus petit* de ces nombres?

110. Combien 9 000 est-il de fois *plus grand* que 900, que 90, que 9?

111. Combien 5 est-il de fois *plus petit* que 50, que 500, que 5 000?

112. Écrivez au tableau noir ou sur vos ardoises, en faisant bien les chiffres, les *neuf unités simples*, et, au-dessous, les *neuf dixaines*, les *neuf centaines* et les *neuf* *mille*, de manière que le dernier *zéro* de droite soit sous les unités simples.

113. Quels *nombres* forment :

Un neuf et trois zéros? — Un un et trois zéros?
Un huit et trois zéros? — Un deux et trois zéros?
Un sept et trois zéros? — Un trois et trois zéros?
Un six et trois zéros? — Un quatre et trois zéros?
Un cinq et trois zéros?

114. Quels *nombres* forment :

Un mille	ajouté	à	*Cinq mille ?*
Cinq mille	ajoutés	à	*Deux mille ?*
Deux mille	ajoutés	à	*Six mille ?*
Six mille	ajoutés	à	*Trois mille ?*
Trois mille	ajoutés	à	*Deux mille ?*
Sept mille	ajoutés	à	*Un mille ?*
Quatre mille	ajoutés	à	*Quatre mille?*
Un mille	ajouté	à	*Trois mille?*
Deux mille	ajoutés	à	*Un mille ?*

115. Rendez *mille fois plus grands* les nombres suivants :

9 — 1 — 8 — 2 — 7 — 3 — 6 — 4 — 5

116. Comment rendez-vous ces mêmes nombres *cent fois plus grands?* — Et *dix fois plus grands* ?

117. Rendez *mille fois plus petits* les nombres suivants :

7 000 — 2 000 — 4 000 — 9 000 — 3 000
5 000 — 8 000 — 6 000 — 6 000 — 1 000

ENTRETIEN XIV.

Nomenclature et écriture des dixaines et centaines de mille.

DEUXIÈME ORDRE TERNAIRE.

Vous avez dû remarquer — **mes amis** — que, jusqu'ici, chaque ordre d'unités a été formé de la réunion de *dix unités* de l'ordre immédiatement inférieur, et a été désigné par un NOM PARTICULIER ; ainsi, la *dixaine* renferme *dix unités*, la *centaine* renferme *dix dixaines*, le *mille* renferme *dix centaines*.

Il paraissait donc naturel de donner des *noms nouveaux* à tout assemblage de *dix unités* d'un ordre quelconque. Ainsi, par exemple, DIX MILLE, ou *neuf mille plus un* — que les *Grecs* nommaient *Myriade* — aurait dû recevoir un *nom particulier*, comme la réunion de *dix unités* avait reçu le nom de DIXAINE, la réunion de *dix dixaines* celui de CENTAINE, la réunion de *dix centaines* celui de MILLE.

Mais la *suite des nombres étant infinie*, vous comprenez qu'il n'eût pas été possible à la mémoire la plus grande de retenir autant de mots que l'esprit peut imaginer de nombres. Afin donc de restreindre le plus possible la NOMENCLATURE NUMÉRIQUE, c'est-à-dire, de ne pas trop étendre la *liste des noms de nombres*, on est convenu de considérer le nombre MILLE comme une NOUVELLE UNITÉ PRINCIPALE ayant ses *unités*, ses *dixaines* et ses *centaines*, et de compter par *unités, dixaines et centaines de* MILLE, depuis *un mille* jusqu'à *neuf cent nonante-neuf mille*, comme *on a compté par unités*, *dixaines et centaines d'unités simples,* depuis *un* jusqu'à *neuf cent nonante-neuf unités simples.*

Donc :

37. — ON COMPTE PAR CENTAINES, DI-XAINES ET UNITÉS DE MILLE, *comme* ON COMPTE PAR CENTAINES, DIXAINES ET UNITÉS SIMPLES, *jusqu'à neuf cent nonante-neuf mille.*

On dit :

Un mille,	Deux mille.....	Neuf mille,
Dix mille,	Onze mille....	Nonante-neuf mille,
Cent mille,	Cent un mille.....	Neuf cent nonante-neuf mille ;

Que l'on écrit :

1 000,	2 000.............	9 000,
10 000,	11 000.............	99 000,
100 000,	101 000.............	999 000.

De sorte qu'en plaçant à la droite des unités de mille les noms des neuf cent nonante-neuf premiers nombres, vous pourrez compter depuis *un* jusqu'à *neuf cent nonante-neuf* MILLE *neuf cent nonante-neuf* UNITÉS SIMPLES (999 999).

38. — *Les unités, les dixaines et les centaines de mille forment la deuxième classe d'unités principales,* appelée CLASSE DES MILLE, *ou le* DEU-XIÈME ORDRE TERNAIRE.

QUESTIONNAIRE.

37. — *Comment compte-t-on par centaines, dixaines et unités de mille ?*

38. — *Quelles sont les unités qui forment le deuxième ordre ternaire ?*

EXERCICES PRATIQUES.

118. Le nombre *dix mille* a-t-il reçu un nom particulier, comme le nombre *dix dixaines* a été nommé *cent*, le nombre *dix centaines* a été nommé *mille* ?

119. De quoi est-on convenu pour ne pas donner des *noms nouveaux* aux différentes unités qui composent la classe des mille ?

120. Quel *rang* occupent, par rapport aux unités simples, les *mille* ? — les *dixaines de mille* ? — les *centaines de mille* ?

121. Comment forme-t-on les noms des nombres depuis *un* jusqu'à *neuf cent nonante-neuf mille neuf cent nonante-neuf unités simples* ?

122. Comment écrit-on les nombres depuis *un* jusqu'à *neuf cent nonante-neuf mille neuf cent nonante-neuf unités simples* ?

123. Quel est le *plus grand* nombre composé de *un chiffre* ? — de *deux chiffres* ? — de *trois chiffres* ? — de *quatre chiffres* ? — de *cinq chiffres* ? — de *six chiffres* ?

124. Quel nombre obtiendrait-on si l'on ajoutait *une unité* à *neuf unités simples* ? — à *neuf dixaines* ? — à *neuf centaines* ? — à *neuf mille* ? — à *neuf dixaines de mille* ?

125. Entre quelles espèces d'unités sont placés les *mille* ? — les *dixaines de mille* ?

126. Combien faut-il de *dixaines d'unités* pour faire *un mille* ? — *une dixaine de mille* ? — *une centaine de mille* ?

127. Combien faut-il de chiffres pour écrire des *dixaines de mille* ? — des *mille* ? — des *centaines d'unités simples* ? — des *centaines de mille* ?

128. Dites le *nom* et le *rang* de l'unité qui vaut à elle seule *cent dixaines* ? — *cent centaines* ? — *mille dixaines* ? — *mille centaines* ?

129. Combien le nombre *neuf cent mille* vaut-il de *dixaines de mille* ? — de *dixaines d'unités simples* ?

130. Quel est le *plus grand* des nombres du deuxième ordre ternaire ?

131. Quel est le *nom* de la deuxième unité principale?

132. Comment appelle-t-on les unités qui occupent le *deuxième rang* ? — le *sixième rang* ? — le *quatrième rang*? — le *premier rang*? — le *cinquième rang*? — le *troisième rang*?

133. Formez *un seul nombre* des différentes unités qui suivent : *Neuf dixaines et neuf unités simples.* — *Quatre mille, deux centaines, trois dixaines et six unités simples.* — *Cinq dixaines de mille et cinq unités simples.* — *Un mille, huit dixaines de mille et sept centaines de mille.*

134. Nommez les nombres composés de : *9 centaines, 8 dixaines, 7 unités de mille et 6 centaines, 5 dixaines, 4 unités simples. — 3 mille, 2 dixaines de mille et 1 centaine de mille.*

135. Quels sont les différents ordres d'unités qui composent le nombre *trois cent vingt-un mille neuf cent cinq unités?*

ENTRETIEN XV.

Nomenclature et écriture des millions, billions, &c.

Dans notre *système de numération*, tout est *convention*. Primitivement, on a donc dû rechercher la manière la plus prompte de *nommer* et d'*écrire* tous les nombres dont on pouvait avoir besoin; car, il y a tant de nombres, que la moindre réflexion a fait prévoir l'inconvénient qu'il y aurait à se servir d'une multitude innombrable de mots et de signes. *On est donc convenu, qu'au-dessus de mille, on ne donnerait plus de noms nouveaux qu'à l'*UNITÉ PRINCIPALE *de chaque classe ou ordre ternaire, c'est-à-dire, qu'à des ordres d'unités* *formés de l'assemblage de mille unités de l'ordre immédiatement inférieur, et que l'on compterait par* CENTAINES, DIXAINES *et* UNITÉS *des classes supérieures à mille, comme on avait compté par* CENTAINES, DIXAINES *et* UNITÉS *simples.*

Ainsi :

MILLE MILLE	forme une nouvelle *unité principale* nommée	
	qu'on écrit de cette manière. .	MILLION, 1 000 000;
MILLE MILLIONS	forme une nouvelle *unité principale* nommée.	
	qu'on écrit de cette manière. .	BILLION (*), 1 000 000 000;
MILLE BILLIONS	forme une nouvelle *unité principale* nommée.	
	qu'on écrit de cette manière. .	TRILLION, 1 000 000 000 000.

Ces nouvelles unités principales sont composées, comme les unités simples et les mille, de centaines, de dixaines et d'unités, c'est-à-dire, de *trois ordres d'unités* chacune : c'est pour cette raison qu'on les nomme UNITÉS TERNAIRES OU ORDRES TERNAIRES.

Ainsi :

L'ORDRE DES MILLIONS renferme des *centaines de million*, des *dixaines de million* et des *unités de million* : c'est la TROISIÈME CLASSE D'UNITÉS, ou le TROISIÈME ORDRE TERNAIRE.

L'ORDRE DES BILLIONS renferme des *centaines de billion*, des *dixaines de billion* et des *unités de billion* : c'est la QUATRIÈME CLASSE D'UNITÉS, ou le QUATRIÈME ORDRE TERNAIRE.

L'ORDRE DES TRILLIONS renferme des *centaines de trillion*, des *dixaines de trillion* et des *unités de trillion* : c'est la

---

(*) Lorsqu'il s'agit de sommes d'argent, on remplace le mot *Billion* par le mot *Milliard*. — La valeur effective du numéraire en circulation dans l'Europe n'excède pas *douze milliards*.

CINQUIÈME CLASSE D'UNITÉS , ou le CINQUIÈME ORDRE TERNAIRE.

D'où il suit que le premier chiffre de chaque ordre ternaire a un nom particulier qui s'applique à tout l'ordre, et qui, pour cette raison, porte le nom d'*unité principale*.

Le tableau suivant donne les noms des premières unités principales et le rang que doivent occuper les unités, les dixaines et les centaines de chaque ordre ternaire.

UNITÉS PRINCIPALES DES ORDRES TERNAIRES.

	BILLIONS.			MILLIONS.			MILLE.			UNITÉS simples.		
	12e	11e	10e	9e	8e	7e	6e	5e	4e	3e	2e	1er RANG.
	Centaines,	Dixaines.	Unités.	Centaines.	Dixaines.	Unités.	Centaines.	Dixaines.	Unités.	Centaines.	Dixaines.	Unités.
Et ainsi de suite....	4e ordre ternaire.			3e ordre ternaire.			2e ordre ternaire.			1er ordre ternaire.		

Dans ce tableau, les points noirs tiennent la place des chiffres dans un nombre écrit, et les plus gros marquent la place de l'unité principale de chaque ordre ternaire.

N'avez-vous pas déjà remarqué — mes amis — que, dans la nomenclature des neuf cent nonante-neuf premiers nombres, on n'emploie que les mots : *un, deux, trois, quatre, cinq, six, sept, huit, neuf, dix, onze, douze, treize, quatorze, quinze, seize, vingt, trente, quarante, cinquante, soixante, septante, nonante, cent*; c'est-à-dire, VINGT-QUATRE NOMS de nombres qui, combinés entre eux, suffisent pour nommer toutes les unités du premier ordre ternaire? Mais voyez combien est plus simple encore la nomenclature des nombres plus grands : il suffit d'un nom nouveau pour chaque classe ou ordre ternaire. De sorte qu'avec *une trentaine de mots*, on forme la nomenclature de tous les nombres nécessaires aux besoins de la vie. — La manière de les écrire est plus remarquable encore par sa simplicité, puisqu'il ne faut que DIX CHIFFRES pour les représenter tous.

Donc :

39. — ON PEUT DONNER DES NOMS A TOUS LES NOMBRES ENTIERS, *au moyen* : — *Des noms des* NEUF CENT NONANTE-NEUF PREMIERS NOMBRES; *et des noms* MILLE, MILLION, BILLION, TRILLION, *etc.*

40. — ON PEUT ÉCRIRE TOUS LES NOMBRES ENTIERS, *au moyen* :— DES DIX CHIFFRES 0, 1, 2, 3, 4, 5, 6, 7, 8, 9; *et de cette convention* *fondamentale :* TOUT CHIFFRE SIGNIFICATIF, PLACÉ A LA GAUCHE D'UN AUTRE CHIFFRE, EXPRIME DES UNITÉS DIX FOIS PLUS GRANDES QUE CET AUTRE CHIFFRE.

QUESTIONNAIRE.

39. — *Comment peut-on donner des noms à tous les nombres entiers ?*

40. — *Comment peut-on écrire tous les nombres entiers ?*

EXERCICES PRATIQUES.

LE SYSTÈME DÉCIMAL a été adopté par presque tous les peuples de la terre, sans doute parce qu'on a commencé à compter avec les *dix doigts* des mains : ainsi, en prenant le doigt pour une unité et en ouvrant successivement les doigts des deux mains, on a compté jusqu'à *dix unités* ou UNE DIXAINE ; en prenant le doigt pour une dixaine, on a compté jusqu'à *dix dixaines* ou UNE CENTAINE ; en prenant le doigt pour une centaine, on a compté jusqu'à *dix centaines* ou UN MILLE ; et ainsi de suite. — La division de chaque doigt en trois phalanges a sans doute aussi donné l'idée des trois ordres, *unités, dixaines, centaines,* qui composent chaque *classe* ou *ordre ternaire* : ainsi, en prenant le petit doigt pour représenter le premier ordre ternaire ou la classe des UNITÉS SIMPLES, les autres doigts ont successivement représenté les MILLE, les MILLIONS, les BILLIONS, les TRILLIONS ; et les phalanges de chaque doigt ont représenté les *unités*, les *dixaines* et les *centaines* de chacun de ces différents ordres ternaires.

Ce moyen si naturel de compter peut être employé avec succès dans l'enseignement de la numération. On apprendra d'abord à l'élève les noms des cinq doigts de la main : *pouce, index, majeur, annulaire* et *auriculaire* ou petit doigt ; on lui fera remarquer ensuite les *trois phalanges* de chaque doigt ; puis, en lui faisant toucher, de l'index de la main droite, l'auriculaire de la main gauche, on l'obligera à dire :

tranche des UNITÉS SIMPLES ou *premier ordre ternaire ;* l'annulaire, *tranche des* MILLE ou *deuxième ordre ternaire ;* le majeur, *tranche des* MILLIONS ou *troisième ordre ternaire ;* l'index, *tranche des* BILLIONS ou *quatrième ordre ternaire ;* le pouce, *tranche des* TRILLIONS ou *cinquième ordre ternaire* (*).
Passant aux phalanges de chaque doigt, on fera représenter par la première les *unités,* par la deuxième, les *dixaines,* par la troisième, les *centaines* de chaque classe ou ordre ternaire, ainsi que l'indique la main ci-dessous, dans laquelle les unités, les dixaines et les centaines de chaque ordre ternaire sont représentées sur les phalanges par les initiales U, D. C.

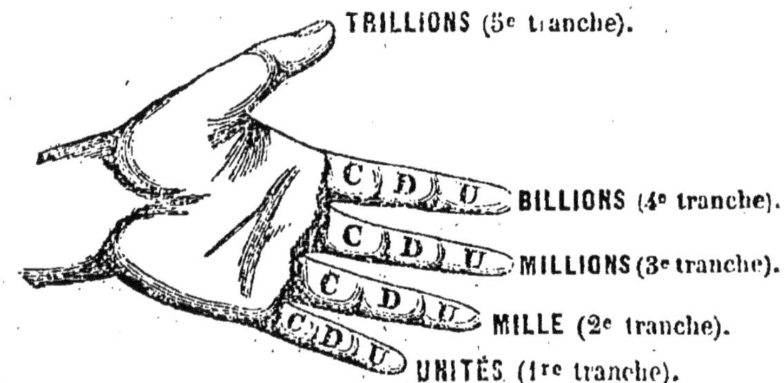

136. Combien faut-il de zéros à la droite des neuf chiffres significatifs pour former des *millions ?* — des *billions ?* — des *trillions ?*

137. Quelle unité principale forme *mille mille ?* — *mille millions ?* — *mille billions ?*

(*) On pourrait pousser plus loin cette NOMENCLATURE en se servant des doigts de la main droite, mais on compte rarement par *trillions.* Cependant il n'est pas sans intérêt d'apprendre aux élèves, qu'après les trillions, viennent les *quatrillions,* les *quintillions,* les *sextillions,* les *septillions,* les *octillions,* les *nonillions,* les *décillions…* UNITÉS TERNAIRES que l'on forme avec les noms *quatre, cinq, six, sept, huit, neuf, dix ;* et que l'on représente par le chiffre 1 suivi d'autant de fois *trois zéros* que l'indiquent ces expressions numériques.

138. Qu'est-ce qu'*un million?* — *un billion?* — *un milliard?* — *un trillion?*

139. Quel rang occupent, dans un nombre, les *dixaines de mille?* — les *centaines de millions?* — les *unités de billions?* — les *centaines d'unités simples?* — les *centaines de mille?* — les *unités de millions?* — les *dixaines de billions?* — les *unités de mille?* — les *dixaines de millions?* — les *centaines de billions?* — les *unités simples?*

140. Combien faut-il d'unités simples pour former *un mille?* — d'unités de mille pour former *un million?* — d'unités de million pour former *un billion?* — d'unités de billion pour former *un trillion?*

141. Combien faut-il de chiffres pour exprimer des *mille?* — des *millions?* — des *trillions?*

142. Avec combien de *mots* peut-on exprimer tous les nombres imaginables?

143. Avec combien de *chiffres* peut-on exprimer tous les nombres possibles?

144. Quels sont les *noms* et l'*ordre* des tranches ternaires, à partir de la tranche des unités simples?

145. Comment nomme-t-on les unités qui occupent le *treizième rang?* — le *troisième rang?* — le *dixième rang?* — le *deuxième rang?* — le *huitième rang?* — le *quatrième rang?* — le *douzième rang?* — le *sixième rang?* — le *septième rang?* — le *neuvième rang?* — le *onzième rang?* — le *premier rang?*

146. Quelle espèce d'unité représente le chiffre 9 suivi de *un zéro?* — de *trois zéros?* — de *six zéros?* — de *neuf zéros?* — de *douze zéros?*

147. Comptez sur vos doigts les différentes espèces d'unités qui composent le *premier ordre ternaire,* — le *deuxième ordre ternaire,* — le *troisième ordre ternaire,* — le *quatrième ordre ternaire,* — le *cinquième ordre ternaire.*

ENTRETIEN XVI.

Valeurs des chiffres.

VALEUR ABSOLUE. — VALEUR RELATIVE.

Tout chiffre significatif placé à la gauche d'un autre chiffre exprimant des unités *dix fois plus grandes* que cet autre chiffre, il résulte de ce principe fondamental de la numération écrite :

Que le premier chiffre, écrit à la droite d'un nombre, exprime les *unités simples ;* — que le deuxième chiffre, en allant vers la gauche, exprime les *dixaines ;* — que le troisième chiffre exprime les *centaines ;* — que le quatrième chiffre exprime les *mille*...

C'est-à-dire :

Qu'en reportant un chiffre d'un rang vers la gauche, ce chiffre représente des unités *dix fois plus grandes.*

D'où il suit que lorsqu'un chiffre est seul, la valeur du nombre qu'il représente est toujours la même ; tandis que lorsqu'un chiffre est suivi d'autres chiffres, sa valeur augmente en raison du rang qu'il occupe.

Donc :

42. — *Les chiffres ont* DEUX VALEURS : *l'une* ABSOLUE, *l'autre* RELATIVE.

43. — *La* VALEUR ABSOLUE *d'un chiffre est celle qu'il a par sa* FORME *étant considéré seul.*

44. — *La* VALEUR RELATIVE *d'un chiffre est celle qu'il a par sa* POSITION *à la gauche d'autres chiffres.*

Le nom primitif d'un chiffre exprime sa valeur absolue ; le nom du rang ou de la colonne exprime sa valeur relative. La valeur relative d'un chiffre est donc toujours *plus grande* que sa valeur absolue (*).

La valeur relative des chiffres est le principe fondamental de notre système de numération décuple, qui est une des plus belles inventions de l'esprit humain.

Ainsi, dans le nombre 905, la valeur absolue du chiffre 9 est simplement *9* ; sa valeur relative est *9 centaines*. Le zéro sert à conserver aux chiffres leur valeur relative.

Le tableau suivant représente — mes amis — les

VALEUR RELATIVE.													VALEUR absolue.
Et ainsi de suite.....	TRILLIONS	Centaines	Dixaines	BILLIONS	Centaines	Dixaines	MILLIONS	Centaines	Dixaines	MILLE	Centaines	Dixaines	UNITÉS simples
	1	1	1	1	1	1	1	1	1	1	1	1	1
	2	2	2	2	2	2	2	2	2	2	2	2	2
	3	3	3	3	3	3	3	3	3	3	3	3	3
	4	4	4	4	4	4	4	4	4	4	4	4	4
	5	5	5	5	5	5	5	5	5	5	5	5	5
	6	6	6	6	6	6	6	6	6	6	6	6	6
	7	7	7	7	7	7	7	7	7	7	7	7	7
	8	8	8	8	8	8	8	8	8	8	8	8	8
	9	9	9	9	9	9	9	9	9	9	9	9	9

(*) Jusqu'ici l'on n'a eu en vue que les nombres entiers, et il est sous-entendu que le chiffre des unités simples n'a point de valeur relative.

différentes *valeurs* que peut avoir chaque chiffre significatif.

Ainsi, la valeur absolue d'un chiffre ne varie pas ;
tandis qu'un chiffre a autant de valeurs relatives qu'il
occupe de places différentes dans un nombre.

QUESTIONNAIRE.

42. — *Combien les chiffres ont-ils de valeurs ?*
43. — *Quelle est la valeur absolue d'un chiffre ?*
44. — *Quelle est la valeur relative d'un chiffre ?*

EXERCICES PRATIQUES.

148. Indiquez les *différentes valeurs* de chacun des chiffres du nombre 9 876 543 210.

ENTRETIEN XVII.

Ecriture et lecture des nombres entiers.

Les noms des nombres sont tous compris entre *un* et *neuf cent nonante-neuf,* car il ne peut y avoir plus de *neuf unités,* plus de *neuf dixaines* et plus de *neuf centaines* dans chaque classe d'unités principales. Tout nombre peut donc se décomposer en *tranches de trois chiffres.* Par conséquent, pour exprimer un nombre quelconque par la parole ou par l'écriture, il suffit de savoir écrire et lire un nombre de *trois chiffres,* puisque chaque ordre ternaire s'écrit et se prononce séparément (*).

Donc :

45. — POUR LIRE UN NOMBRE ENTIER ÉCRIT EN CHIFFRES, *on le partage en tranches de trois chiffres, en allant de droite à gauche, sauf à ne laisser qu'un ou deux chiffres dans la dernière tranche ; on lit successivement, en commençant par la gauche, chaque tranche comme si elle était seule, et on lui donne le nom de l'ordre ternaire qu'elle représente.*

46. — POUR ÉCRIRE EN CHIFFRES UN NOMBRE ENTIER, *on écrit d'abord la tranche qui représente l'ordre ternaire le plus élevé, et,*

(*) En arithmétique, on dit souvent *énoncer* au lieu de *lire.* Ainsi, *énoncer le nombre* 9, est la même chose que *lire le nombre* 9.

à sa droite, les autres ordres ternaires suivant leur grandeur, en remplaçant par des zéros les centaines, les dixaines et les unités qui pourraient manquer dans chaque ordre ternaire.

Le tableau suivant vous indique — **mes amis** — la manière de faire usage de ces deux règles.

ORDRES TERNAIRES.												
	BILLIONS.			MILLIONS.			MILLE.			UNITÉS.		
	4e Principale.			3e Principale.			2e Principale.			1re Principale.		
	Centaines.	Dixaines.	Unités.	Centaines.	Dixaines.	Unités.	Centaines.	Dixaines.	Unités.	Centaines.	Dixaines.	Unités.
Et ainsi de suite.	6	7	1	5	9	0	3	0	8	2	4	5

Six cent septante-un....... BILLIONS,
Cinq cent nonante......... MILLIONS,
Trois cent huit............ MILLE,
Deux cent quarante-cinq. ... UNITÉS.

Je vous ai dit que la dernière tranche à gauche peut

n'avoir qu'un ou deux chiffres. Le tableau ci-dessous
vous en donne un exemple.

BILLIONS.	MILLIONS.	MILLE.	UNITÉS.
C. D. U.	C. D. U.	C. D. U.	C. D. U. (*)
2 3 4	8 5 7	9 4 3	8 2 8
2 6	3 9 8	4 5 8	7 3 5
9	4 2 6	2 7 7	6 9 1

Deux cent trente-quatre............ BILLIONS,
Huit cent cinquante-sept........... MILLIONS,
Neuf cent quarante-trois........... MILLE,
Huit cent vingt-huit............... UNITÉS ;

Vingt-six.......................... BILLIONS,
Trois cent nonante-huit............ MILLIONS,
Cent cinquante-huit................ MILLE,
Sept cent trente-cinq .... UNITÉS ;

Neuf............................... BILLIONS,
Quatre cent vingt-six .... MILLIONS,
Deux cent séptante-sept .... MILLE,
Six cent nonante-un .... UNITÉS.

(*) Les lettres initiales U, D, C indiquent les unités, les dixaines et les
centaines de chaque ordre ternaire.

Quelques exemples encore suffiront pour vous mettre en état d'*écrire* et de *lire* tous les nombres.

Soit à écrire le nombre *cent vingt-trois millions quatre cent cinquante-six mille sept cent quatre-vingt-neuf unités.*

Ce nombre peut se décomposer ainsi :

Cent millions.........	100	000	000
Vingt millions........	20	000	000
Trois millions........	3	000	000
Quatre cent mille......		400	000
Cinquante mille.......		50	000
Six mille............		6	000
Sept cents unités.......			700
Quatre vingts unités ...			80
Neuf unités..........			9
	123	**456**	**789**

Et comme les zéros ne servent qu'à faire garder aux chiffres significatifs le rang qu'ils doivent tenir pour conserver leur valeur relative, en supprimant les zéros et en descendant tous les chiffres sur une même ligne, le nombre énoncé se trouvera naturellement écrit en chiffres.

Nombres à écrire :

Vingt-cinq mille neuf cent cinquante-deux unités.
Douze millions huit cent septante-quatre mille sept cents unités.
Trois cent vingt-sept millions cinquante mille trois unités.

Nombres écrits :

	25	952
12	874	700
327	050	003

Nombre écrit :	*Divisé en tranches :*	*Nombre énoncé :*
987 654 321	987 654 321	

$$\begin{array}{l} \text{MILLIONS.} \\ \text{MILLE.} \\ \text{UNITÉS.} \end{array}$$

On met quelquefois une virgule entre les ordres ternaires pour les séparer, mais cette méthode ne vaut rien, la virgule devant être employée à un autre usage que je vous ferai connaître plus tard ; il vaut mieux laisser un petit intervalle entre deux tranches consécutives. Cependant si les tranches du nombre à lire n'étaient pas séparées, on pourrait faire usage du point . ou de petits traits verticaux | disposés de la manière suivante :

   5.678.045.192   5 | 678 | 045 | 192

En terminant cet entretien, il faut — **mes amis** — que je vous fasse remarquer que, dans les papiers importants, tels que les *billets de banque*, les *effets de commerce*, les *actes de l'état civil*, etc., on écrit toujours les nombres en lettres ordinaires, afin d'en rendre l'altération plus difficile (*).

(*) L'homme qui, pour s'approprier le bien d'autrui, altère un chiffre ou un écrit quelconque, commet un *faux* que la loi, *notre règle à tous*, punit très-sévèrement. Gardez-vous bien — *mes amis* — de vous rendre un jour coupables d'une action aussi criminelle.

XII.

Il est deux guides sûrs pour ne point s'égarer :
Bonté compatissante et *Probité sévère*.
L'une ordonne et prescrit tout le bien qu'on peut faire ;
L'autre à faire le mal défend de se livrer.

XIII.

Une seule vertu suffit sans doute aux hommes :
C'est sur les moindres points l'*exacte probité*.
Nous serions tous parfaits, si, pleins de loyauté,
Nous suivions bien les *lois* du pays où nous sommes.

QUESTIONNAIRE.

44. — *Comment écrire en chiffres un nombre entier ?*

45. — *Comment lire un nombre entier écrit en chiffres ?*

EXERCICES PRATIQUES (*).

149. La ville de Paris dépense annuellement une somme de *un million neuf cent mille* francs pour l'entretien du pavé des rues. Le nombre des pavés mis en place peut être estimé à *soixante millions*. On en emploie moyennement *un million huit cent mille* par an.

Écrivez ces nombres en chiffres.

150. On compte à Londres *trois mille* omnibus circulant quotidiennement ; ces omnibus possèdent *trente mille* chevaux consommant dans l'année *cinq cent vingt-cinq mille* boisseaux de blé, *cent quatre-vingt mille* bottes de foin et *deux cent mille* bottes de paille : cette consommation est évaluée à *quarante-six millions* de francs. Il faut ajouter à cela, pour le ferrage, *cent nonante-cinq mille* francs. Les *trois mille* omnibus en circulation dans Londres transportent chacun en moyenne environ *trois cents* voyageurs par jour, soit *six millions* de voyageurs par semaine, et, pour l'année, le chiffre incroyable de *trois cent millions*.

Écrivez ces nombres en chiffres.

Car — *mes amis* — la soumission aux lois est le premier devoir comme le premier intérêt d'un bon Français. La loi *commande*, ou *défend*, ou *permet*, ou *punit*. Tous nous sommes tenus également de lui obéir, car elle est la *volonté souveraine du pays*. « Heureuse la France, quand le respect pour les lois et ceux qui les représentent sera devenu, aussi bien que la vivacité de l'esprit et l'ardeur du courage, un des caractères distinctifs de son peuple. »

151. Un physicien anglais a eu la patience de compter les œufs d'une morue; il en a trouvé 9 344 211.

Lisez ce nombre.

152. On comptait à Paris, en 1841 : 640 magistrats; 1 480 notaires, avoués, avocats, etc.; 3 170 employés des ministères; 1 425 médecins; 80 000 patentés; 20 000 électeurs; 800 boulangers; 400 bouchers; 2 500 épiciers; 850 hôteliers; 795 limonadiers; 900 restaurateurs; 2 500 marchands de vin; 10 000 cochers de fiacre; 50 000 domestiques, et 81 000 indigents inscrits.

Lisez ces nombres.

153. Mouvement de la population en France :

Années.	Naissances.	Décès.	Mariages.
1817 à 1820	951 208	764 723	210 552
1821 à 1825	971 663	765 946	241 347
1826 à 1830	976 457	815 442	253 892
1831 à 1835	975 040	856 657	259 734
1836 à 1840	958 944	818 737	272 452
1841 à 1843	980 997	847 450	283 238

Lisez ces nombres.

154. Le jeu des échecs fut inventé dans l'Inde (Asie), au seizième siècle, par *Siela,* qui demanda en récompense au roi *Sirham* 1 grain de blé sur la première case, 2 sur la seconde, 4 sur la troisième, et ainsi de suite, en doublant toujours jusqu'à la soixante-quatrième case. Le chiffre total de cette multiplication est de :

$$18\ 446\ 744\ 073\ 709\ 551\ 615$$

Lisez ce nombre.

ENTRETIEN XVIII.

Numération romaine.

Avant l'introduction en Europe des *chiffres arabes*, on suivait généralement la NUMÉRATION ROMAINE, ainsi appelée parce qu'elle fut en usage chez les *Romains* (*). Aujourd'hui encore, dans quelques circonstances que je vous ferai connaître, on emploie les *chiffres romains* dont je vais vous entretenir.

Je vous l'ai dit — **mes amis** — les premiers calculateurs cherchèrent avec ardeur les moyens d'exprimer les nombres avec des signes simples, d'un usage facile, afin de faire rapidement les opérations de l'arithmétique. Les *Romains* se servirent de quelques lettres de l'alphabet; mais cette représentation des nombres, bien que très-ingénieuse, était embarrassante dans le calcul.

46. —   I   V   X   L   C
         UN,   CINQ,   DIX,   CINQUANTE,   CENT,
                       D   M
                  CINQ CENTS,   MILLE,

sont *les* CHIFFRES ROMAINS.

Les *conventions* à l'aide desquelles les Romains représentaient les nombres avec ces *sept chiffres*, sont assez remarquables pour que je vous les fasse connaître.

(*) Les ROMAINS, le peuple le plus puissant de l'antiquité, habitaient l'*Italie* au midi de l'Europe. Leur capitale était *Rome*, fondée par Romulus en 753 avant J.-C. — *Rome* est devenue la capitale du monde chrétien ; c'est la résidence des papes, successeurs de saint Pierre.

47. — ON ÉCRIT EN CHIFFRES ROMAINS LES NOMBRES ENTIERS, *au moyen des* CONVENTIONS *suivantes :*

1° — Lorsqu'un chiffre est placé à la *droite* d'un chiffre égal ou plus grand, la valeur du premier chiffre s'AJOUTE à la valeur du second.

Ainsi :

I vaut un......... 1;	II vaut deux.......... 2;	III vaut trois......... 3;
X vaut dix 10;	XX vaut vingt........ 20;	XXX vaut trente...... 30;
C vaut cent.... 100;	CC vaut deux cents 200;	CCC vaut trois cents 300;
VI vaut six....... 15;	XV vaut quinze...... 15;	LX vaut soixante... 60;
CI vaut cent-un 101;	CV vaut cent cinq.. 105;	CX vaut cent dix.. 110.

2° — Lorsqu'un chiffre est placé à la *gauche* d'un autre chiffre plus grand, la valeur du premier chiffre se RETRANCHE de la valeur du second.

Ainsi :

IV vaut quatre 4;	IX vaut neuf 9;	XL vaut quarante 40
CD vaut quatre cents 400;	CM neuf cents 900;	LM neuf cent cinquante 950

3° — Lorsqu'un chiffre est placé entre *deux chiffres supérieurs*, la valeur de ce chiffre se RETRANCHE de celui qui le suit.

Ainsi :

XIV vaut quatorze 14;	XIX vaut dix-neuf 19;
CXL vaut cent quarante 140;	CXC vaut cent nonante 190.

D'après cela :

48. — POUR ÉCRIRE EN CHIFFRES ROMAINS *un nombre composé de* MILLE, *de* CENTAINES, *de* DIXAINES *et d'*UNITÉS, *on place à la suite les unes des autres, en allant de gauche à droite, les* LETTRES *qui représentent les* MILLE, *les* CENTAINES, *les* DIXAINES *et les* UNITÉS.

49. — POUR LIRE UN NOMBRE EN CHIFFRES ROMAINS, *on le décompose en* MILLE, CENTAINES, DIXAINES *et* UNITÉS, *et on énonce chaque partie séparément en commençant par la gauche.*

Ainsi, le millésime mil huit cent quarante-huit s'écrira : MDCCCXLVIII, et le millésime MDCCCLIII se décomposera en mil M, huit centaines DCCC, cinq dixaines L, trois unités III, et se lira mil huit cent cinquante-trois.

Les principes ci-dessus trouvent leur application dans la suite des nombres ci-après, où la valeur des chiffres romains est marquée par les chiffres arabes.

1	I	26	XXVI	102	CII
2	II	27	XXVII	103	CIII
3	III	28	XXVIII	104	CIV
4	IV	29	XXIX	105	CV
5	V	30	XXX	106	CVI
6	VI	31	XXXI	107	CVII
7	VII	32	XXXII	108	CVIII
8	VIII	33	XXXIII	109	CIX
9	IX	34	XXXIV	110	CX
10	X	35	XXXV	.	.
11	XI	36	XXXVI	.	.
12	XII	37	XXXVII	.	.
13	XIII	38	XXXVIII	120	CXX
14	XIV	39	XXXIX	130	CXXX
15	XV	40	XL	140	CXL
16	XVI	.	.	150	CL
17	XVII	.	.	160	CLX
18	XVIII	.	.	170	CLXX
19	XIX	50	L	180	CLXXX
20	XX	60	LX	190	CXC
21	XXI	70	LXX	200	CC
22	XXII	80	LXXX	.	.
23	XXIII	90	XC	.	.
24	XXIV	100	C	.	.
25	XXV	101	CI	300	CCC

400	CD	1000	M	7000	$\overline{\text{VII}}$
500	D	2000	MM	8000	$\overline{\text{VIII}}$
600	DC	3000	MMM	9000	$\overline{\text{IX}}$
700	DCC	4000	MMMM	10000	$\overline{\text{X}}$
800	DCCC	5000	$\overline{\text{V}}$ (*)		
900	CM	6000	$\overline{\text{VI}}$		

On se sert aujourd'hui des chiffres romains :

1° Dans la *numismatique*, ou la science qui a pour objet la recherche des inscriptions des médailles antiques, des monnaies anciennes ;

2° Dans les *inscriptions monumentales* et les *épitaphes* pour représenter les dates et les millésimes ;

3° Dans la *typographie*, ou l'art de l'imprimerie, pour numéroter les chapitres et les différentes divisions d'un livre, pour indiquer la date de l'impression, pour paginer les préfaces, etc...

QUESTIONNAIRE.

46. — *Quels sont les chiffres romains ?*

47. — *Indiquez les conventions au moyen desquelles on écrit en chiffres romains les nombres entiers.*

48. — *Comment écrire en chiffres romains un nombre composé de mille, de centaines, de dixaines et d'unités ?*

49. — *Que fait-on pour lire un nombre écrit en chiffres romains ?*

EXERCICES PRATIQUES.

155. Écrivez en chiffres romains :

1° — Le millésime de l'année courante (**).

(*) Au-dela de *quatre mille*, on écrit les mille comme des unités simples et l'on trace une ligne au-dessus des chiffres. — Les chiffres romains surmontés de deux traits expriment des nombres un million de fois plus grands.

(**) L'*unité principale*, dont on se sert pour mesurer le temps, est le jour. Le jour vaut 24 heures, ou 1440 minutes. On compte le jour de

2° — La date et l'année de votre naissance.

156. — Lisez les nombres suivants :

MCDXX   DLVIII   CVI   MMDCV   LXVII   XIXI.

---

minuit à minuit, en le partageant en deux parties égales de douze heures chacune : cet usage n'est pas admis chez tous les peuples. Le jour ouvrier est de 12 heures.

Les *unités secondaires* servant à la mesure du temps sont : la SEMAINE, le MOIS, l'ANNÉE et le SIÈCLE. — La *semaine* est une période de 7 jours. — Le *mois* est une période de 28 à 31 jours. Il y a 12 mois dans *un an*, qui sont :

1er	mois	Janvier....	31 jours.	7e mois	Juillet.........	31 jours.
2e	—	Février....	28 ou 29 j.	8e —	Août..........	31 jours.
3e	—	Mars	31 jours.	9e —	Septembre...	30 jours.
4e	—	Avril	30 jours.	10e —	Octobre......	31 jours.
5e	—	Mai	31 jours.	11e —	Novembre...	30 jours.
6e	—	Juin.........	30 jours.	12e —	Décembre...	31 jours.

Ces 12 mois forment 365 jours quand le mois de février n'a que 28 jours, et 366 quand il est de 29 jours, ce qui n'arrive que tous les 4 ans : dans ce cas, l'année est dite *bissextile*. Dans les calculs qui n'exigent pas beaucoup de précision, on compte les mois de 30 jours et l'année de 360 jours. Autrefois en France l'année commençait le 25 mars ; cet usage a duré jusqu'en 1464, époque à laquelle le roi Charles IX fixa le commencement de l'année à minuit, dans la nuit du 31 décembre au 1er janvier. — Cent ans font *un siècle*. Avant Jésus-Christ, les années se comptent en *descendant* ; après sa naissance, elles se comptent en *montant*.

I.

RÉSUMÉS THÉORIQUES (*).

DÉFINITIONS ET NUMÉRATIONS.

I.

1. — L'ARITHMÉTIQUE apprend à compter (**).

2. — L'ARITHMÉTIQUE est utile dans toutes les professions.

3. — COMPTER OU CALCULER, c'est rendre les nombres plus grands ou plus petits, en les soumettant à diverses opérations.

4. — ON REND LES NOMBRES PLUS GRANDS en les réunissant ou en les répétant : c'est le but de l'addition et de la multiplication ; ON REND LES NOMBRES PLUS PETITS en les retranchant ou en les partageant : c'est le but de la soustraction et de la division.

5. — L'addition, la multiplication, la soustraction et la division sont les QUATRE OPÉRATIONS FONDAMENTALES de l'arithmétique, ainsi appelées, parce qu'elles sont la base, le fondement de toutes les autres opérations du calcul.

II.

6. — Un NOMBRE représente un ou plusieurs des objets semblables que l'on compte.

(*) Les *Résumés théoriques* seront appris de mémoire par les élèves, et expliqués par le maître.

(**) Aux élèves les plus avancés, on pourra donner la définition suivante :

L'ARITHMÉTIQUE apprend :

1o A *nommer* et à *écrire* tous les nombres possibles : c'est le but de la NUMÉRATION ;

2o A *rendre les nombres plus grands* en les *ajoutant* ou en les *répétant, à rendre les nombres plus petits* en les *retranchant* ou en le *partageant*: c'est le but du CALCUL.

7. — L'UNITÉ est l'objet de même nature que l'on prend pour compter.

8. — Il faut autant d'ESPÈCES D'UNITÉS que l'on a d'ESPÈCES DE NOMBRES à former, c'est-à-dire de choses à compter.

9. — Un NOMBRE CONCRET est un nombre après lequel on indique le nom de l'unité qui a servi à le former.

10. — Un NOMBRE ABSTRAIT est un nombre après lequel on n'indique pas le nom de l'unité qui a servi à le former.

III.

11. — La NUMÉRATION apprend à former et à nommer les nombres, à les écrire et à les lire.

12. — Elle se divise en NUMÉRATION PARLÉE et en NUMÉRATION ÉCRITE.

13. — La NUMÉRATION PARLÉE a pour but de former tous les nombres et de leur donner des noms.

14. — La NUMÉRATION ÉCRITE a pour but d'écrire tous les nombres avec le moins de chiffres possible, et de les lire facilement.

15. — On appelle NUMÉRATION DÉCUPLE OU DÉCIMALE la numération qui a pour base le nombre dix, c'est-à-dire celle où les mots et les chiffres expriment des nombres de dix en dix fois plus grands.

16. — On nomme BASE D'UN SYSTÈME DE NUMÉRATION la quantité de caractères ou chiffres que l'on emploie pour représenter les nombres, c'est-à-dire la quantité d'unités qu'il faut pour former une unité de l'ordre immédiatement supérieur.

17. — On entend par SYSTÈME DE NUMÉRATION l'ensemble des conventions que l'on a faites pour former, nommer, écrire et lire les nombres.

IV.

18. — Pour former les nombres entiers, on part de l'unité, qui est le plus petit nombre entier, et on l'ajoute successivement à elle-même ; ce qui fait que la suite des nombres est infinie, puisqu'on peut toujours ajouter une unité au dernier nombre formé.

19. —   1   2   3   4   5   6
Un, deux, trois, quatre, cinq, six,
      7   8   9
   sept,   huit,   neuf,

sont les chiffres du calcul, ou les unités simples, appelées aussi unités du premier ordre.

V.

20. — Pour former les dixaines, il faut écrire un zéro à la droite des neuf unités simples.

21. —   10   20   30   40   50
Dix, vingt, trente, quarante, cinquante,
   60   70   80   90
   soixante, septante, quatre-vingts, nonante,

sont les dixaines ou les unités du deuxième ordre.

22. — Pour rendre dix fois plus grand un nombre entier, il faut écrire un zéro à la droite de ce nombre.

23. — Pour rendre dix fois plus petit un nombre entier terminé par un ou plusieurs zéros, il faut supprimer un zéro à la droite de ce nombre.

24. — On compte par dixaines comme on compte par unités simples, jusqu'à neuf dixaines.

VI.

25. — Pour former les centaines, il faut écrire deux zéros à la droite des neuf unités simples.

26. —   100   200   300   400
Cent,   deux cents.   trois cents,   quatre cents,
   500   600   700   800   900
cinq cents,   six cents,   sept cents,   huit cents,   neuf cents,
sont les CENTAINES ou les unités du troisième ordre.

27. — ON COMPTE PAR CENTAINES comme on compte par unités simples et par dixaines, jusqu'à neuf centaines.

28. — POUR RENDRE CENT FOIS PLUS GRAND un nombre entier, il faut écrire deux zéros à la droite de ce nombre.

29. — POUR RENDRE CENT FOIS PLUS PETIT un nombre entier terminé par des zéros, il faut supprimer deux zéros à la droite de ce nombre.

VII.

30. — Les unités simples, les dixaines et les centaines forment la première classe d'unités principales, appelée classe des unités simples, ou le PREMIER ORDRE TERNAIRE.

VIII.

31. — POUR COMPTER D'UNE DIXAINE A L'AUTRE, c'est-à-dire pour nommer les nombres compris entre deux dixaines consécutives, on place à la suite de chacune d'elles, et successivement, les noms des neuf premiers nombres ; — Et pour les écrire, on remplace, successivement, dans chaque dixaine, le zéro par les chiffres représentant les neuf premiers nombres.

32. — POUR COMPTER D'UNE CENTAINE A L'AUTRE, c'est-à-dire pour nommer les nombres compris entre deux centaines consécutives, on place à la suite du nom de chacune d'elles, et successivement, les noms des nonante-neuf premiers nombres ; — Et pour les écrire, on remplace, successivement, dans chaque centaine, les deux zéros par les chiffres représentant les nonante-neuf premiers nombres.

IX.

33. — POUR FORMER LES MILLE, il faut écrire trois zéros à la droite des neuf unités simples.

34. —   1 000   2 000   3 000   4 000
            Mille,   deux mille,   trois mille,   quatre mille,
5 000   6 000   7 000   8 000   9 000
cinq mille,   six mille,   sept mille,   huit mille,   neuf mille,
sont les MILLE ou les unités du quatrième ordre.

35. — POUR RENDRE MILLE FOIS PLUS GRAND un nombre
entier, il faut écrire trois zéros à la droite de ce nombre.

36. — POUR RENDRE MILLE FOIS PLUS PETIT un nombre
entier terminé par des zéros, il faut supprimer trois zéros à
la droite de ce nombre.

37. — ON COMPTE PAR CENTAINES, DIXAINES ET UNITÉS DU
MILLE comme on compte par centaines, dixaines et unités
simples, jusqu'à neuf cent nonante-neuf mille.

X.

38. — Les unités, les dixaines et les centaines de mille
forment la deuxième classe d'unités principales, appelée
classe des mille ou le DEUXIÈME ORDRE TERNAIRE.

XI.

39. — ON PEUT DONNER DES NOMS A TOUS LES NOMBRES
ENTIERS, au moyen : — Des noms des neuf cent nonante-
neuf premiers nombres, et des noms mille, million, billion,
trillion, etc.

40. — ON PEUT ÉCRIRE TOUS LES NOMBRES ENTIERS, au
moyen : — Des dix chiffres 0, 1, 2, 3, 4, 5, 6, 7, 8, 9 ; et
de cette convention fondamentale : Tout chiffre significatif,
placé à la gauche d'un autre chiffre, exprime des unités dix
fois plus grandes que cet autre chiffre.

XII.

41. — Les chiffres ont DEUX VALEURS : l'une absolue,
l'autre relative.

42. — La VALEUR ABSOLUE d'un chiffre est celle qu'il a
par sa forme étant considéré seul.

43. — La VALEUR RELATIVE d'un chiffre est celle qu'il a par sa position à la gauche d'autres chiffres.

XIII.

44. — POUR ÉCRIRE EN CHIFFRES UN NOMBRE ENTIER, on écrit d'abord la tranche qui représente l'ordre ternaire le plus élevé, et, à sa droite, les autres ordres ternaires suivant leur grandeur, en remplaçant par des zéros les centaines, les dixaines et les unités qui pourraient manquer dans chaque ordre ternaire.

45. — POUR LIRE UN NOMBRE ENTIER ÉCRIT EN CHIFFRES, on le partage en tranche de trois chiffres, en allant de droite à gauche, sauf à ne laisser qu'un ou deux chiffres dans la dernière tranche; on lit successivement, en commençant par la gauche, chaque tranche comme si elle était seule, et on lui donne le nom de l'ordre ternaire qu'elle représente.

XIV.

46. —

I	V	X	L	C
Un,	cinq,	dix,	cinquante,	cent,
	D		M	
	cinq cents,		mille,	

sont les *chiffres romains.*

47. — ON ÉCRIT EN CHIFFRES ROMAINS LES NOMBRES ENTIERS, au moyen des conventions suivantes :

1° — Lorsqu'un chiffre est placé à la droite d'un autre chiffre égal ou plus grand, la valeur du premier chiffre s'*ajoute* à la valeur du second.

2° — Lorsqu'un chiffre est placé à la gauche d'un autre chiffre plus grand, la valeur du premier chiffre se *retranche* de la valeur du second.

3° — Lorsqu'un chiffre est placé entre deux chiffres supérieurs, la valeur de ce chiffre se *retranche* de celui qui le suit.

XV.

48. — POUR ÉCRIRE EN CHIFFRES ROMAINS un nombre composé de mille, de centaines, de dixaines et d'unités, on place à la suite les unes des autres, en allant de gauche à droite, les lettres qui représentent les mille, les centaines, les dixaines et les unités.

49. — POUR LIRE UN NOMBRE ÉCRIT EN CHIFFRES ROMAINS, on le décompose en mille, centaines, dixaines et unités, et on énonce chaque partie séparément en commençant par la gauche.

OPÉRATIONS SUR LES NOMBRES ENTIERS.

∞

ENTRETIEN XIX.

OPÉRATION NUMÉRIQUE.

Définition, Règle, Exemple, Démonstration, Usage, Preuve.

Dans nos entretiens précédents, je vous ai appris — mes amis — à *former* les nombres, à les *nommer*, à les *écrire* et à les *lire*. Je vais maintenant vous apprendre comment on exécute sur les nombres les *opérations de l'arithmétique*.

D'abord il faut que je vous dise que l'on entend par OPÉRATIONS DE L'ARITHMÉTIQUE *les différentes compositions et décompositions que l'on fait subir aux nombres dans le calcul, c'est-à-dire les différentes manières de les rendre* PLUS GRANDS *et* PLUS PETITS.

Les opérations que l'on peut faire sur les nombres se réduisent à *deux principales,* par lesquelles on les rend *plus grands* ou *plus petits.* Or, je vous ai déjà dit qu'on rend les nombres plus grands en les *ajoutant;* qu'on rend les nombres plus petits en les *retranchant.*

L'opération par laquelle on *ajoute* ensemble deux ou plusieurs nombres, s'appelle ADDITION.

L'opération par laquelle on *retranche* d'un nombre un ou plusieurs autres nombres, s'appelle SOUSTRACTION.

L'*addition* prend le nom de MULTIPLICATION, quand on ajoute le même nombre plusieurs fois à lui-même.

La *soustraction* prend le nom de DIVISION, quand on

retranche le même nombre plusieurs fois d'un autre nombre.

C'est-à-dire que la *multiplication* et la *division* ne sont que des moyens plus expéditifs pour faire l'*addition* et la *soustraction*.

Il y a donc, ainsi que je vous l'ai dit au commencement de nos entretiens, QUATRE OPÉRATIONS PRINCIPALES DANS L'ARITHMÉTIQUE : l'*addition* et la *multiplication* qui ont pour objet de rendre les nombres PLUS GRANDS, en les *ajoutant* ou en les *répétant*; — la *soustraction* et la *division* qui ont pour objet de rendre les nombres PLUS PETITS, en les *retranchant* ou en les *partageant.*

Toutes les autres opérations de l'arithmétique dérivent de ces *quatre opérations fondamentales*.

Chacune de ces opérations comprend SIX PARTIES : la *Définition*, la *Règle*, l'*Exemple*, la *Démonstration*, l'*Usage*, la *Preuve*.

50. — *La* DÉFINITION *d'une opération est une explication qui fait connaître le but de l'opération et le résultat qu'elle doit donner.*

51. — *La* RÈGLE *d'une opération est un exposé qui indique la manière la plus simple et la plus prompte d'exécuter l'opération.*

52. — *L'*EXEMPLE *est l'application et l'explication de la règle.*

53. — *La* DÉMONSTRATION *est un raisonnement qui fait voir que la règle est conforme à la définition, c'est-à-dire qu'elle doit conduire au résultat que l'on demande.*

5*

54. — *L'USAGE est l'application pratique, utile, de la règle.*

55. — *La PREUVE d'une opération est une seconde opération qui fait connaître si la première opération a été bien faite.*

Une *preuve* ne donne cependant pas toujours la certitude d'un résultat exact; car une erreur de la deuxième opération peut en compenser une de la première : ce cas se rencontre très-rarement.

QUESTIONNAIRE.

50. — *Qu'est-ce que la Définition d'une opération ?*
51. — *Qu'est-ce que la Règle d'une opération ?*
52. — *Qu'est-ce que l'Exemple d'une opération ?*
53. — *Qu'est-ce que la Démonstration d'une opération ?*
54. — *Qu'est-ce que l'Usage d'une opération ?*
55. — *Qu'est-ce que la Preuve d'une opération ?*

EXERCICES PRATIQUES.

L'habitude du calcul se perdant facilement, on ne doit pas se lasser de faire répéter aux élèves ce qui a été vu. En arithmétique il ne faut pas aller vite, c'est-à-dire étudier superficiellement. Si la *mémoire* est utile dans les définitions et les règles à suivre pour exécuter une opération, le *jugement* est indispensable dans les principes sur lesquels ces règles s'appuient. Ce n'est que par une pratique constante et raisonnée, que l'on fait des progrès dans l'étude de l'arithmétique.

TROIS CHOSES sont indispensables pour apprendre l'arithmétique : *Premièrement*, il faut bien étudier la théorie de chaque opération, afin de s'assurer que le calcul que l'on exécute conduit à un résultat exact et y conduit par la voie la plus prompte et la plus facile. — *Secondement*, il faut exécuter un grand nombre d'opérations ; car, sans la pratique du calcul, on en oublie vite l'ingénieux mécanisme. — *Troisièmement*, il faut remplir souvent les fonctions de moniteur ; car c'est en essayant de faire comprendre que l'on parvient à comprendre soi-même, et que l'on s'habitue à parler avec clarté et précision.

ENTRETIEN XX.

Problème numérique : Résoudre un Problème ; Solution.

SIGNIFICATION ET USAGE DES SIGNES DU CALCUL.

L'étude de l'arithmétique est assurément l'une des parties de l'enseignement primaire, qui peut avoir pour vous — **mes amis** — le plus d'utilité immédiate par ses nombreuses applications dans toutes les circonstances de la vie. Il faut vous y livrer avec ardeur, et surtout vous habituer de bonne heure à *résoudre des problèmes* relatifs à des questions usuelles : rien n'est plus propre à développer l'esprit, à former le jugement et à préparer aux professions utiles de la société.

56. — *Un* PROBLÈME *est une question que l'on propose de* RÉSOUDRE *et qui demande une réponse.*

57. — RÉSOUDRE UN PROBLÈME *c'est donner la* SOLUTION, *ou faire la réponse demandée.*

58. — *La* SOLUTION D'UN PROBLÈME *est la suite des raisonnements et des opérations que l'on fait pour arriver au résultat demandé.*

Il n'y a pas — **mes amis** — de *règle générale* pour résoudre les problèmes. Toute la difficulté consiste à bien saisir l'énoncé de la question et se rappeler le but de chaque opération de l'arithmétique, afin de déterminer sûrement et promptement les calculs qu'il faut effectuer pour trouver la solution ; ce qui dépend uniquement de l'intelligence du calculateur, et ne s'acquiert que par une pratique constante et raisonnée. Dès qu'il ne s'agit plus que d'exécuter les opérations, c'est une affaire de simple calcul qui n'offre aucune difficulté à quiconque a suivi attentivement les exercices relatifs à chacune d'elles.

La résolution des problèmes nécessite la connaissance de certains *signes conventionnels* qui offrent de grands avantages. Ces signes indiquent d'une manière abrégée les opérations du calcul, ce qui permet de suivre sans interruption les raisonnements de l'arithmétique ; ils apportent dans les calculs toute la clarté, tout l'ordre désirable, ce qui rend la solution des problèmes plus facile et moins susceptible d'erreurs. Vous ne sauriez donc — **mes amis** — introduire trop tôt l'usage des signes dans vos calculs, car c'est dans leur emploi que consistent les véritables opérations de l'arithmétique. Je vous engage en conséquence à vous familiariser avec ces signes, à les connaître aussi bien que vous connaissez les lettres de l'alphabet.

Les voici :

59. — LES PRINCIPAUX SIGNES EMPLOYÉS EN ARITHMÉTIQUE *sont les suivants :*

Le *signe de* l'ADDITION est.......... +
qu'on énonce par le mot, PLUS ;

Les *signes de la* MULTIPLICATION sont
    qu'on énonce par les môts. $\times$ ou .
                                            MULTIPLIÉ PAR ;

Le *signe de la* SOUSTRACTION est.....
    qu'on énonce par le mot..   MOINS ;

Les *signes de la* DIVISION sont......   : ou $\frac{\cdot}{\cdot}$
    qu'on énonce par les mots.   DIVISÉ PAR ;

Le *signe de l'*ÉGALITÉ (*) est ....
    qu'on énonce par le mot..   ÉGALE ;

Le *signe de l'*INÉGALITÉ est........
    qu'on énonce par les mots.   PLUS GRAND QUE ;

L'autre *signe de l'*INÉGALITÉ est.....
    qu'on énonce par les mots.   PLUS PETIT QUE.

Remarquez — **mes amis** — que le signe de l'inégalité est la lettre V couchée, dont la pointe est toujours tournée du côté de la plus petite des choses comparées.

Il existe encore d'*autres signes* que je vous ferai connaître, quand je vous entretiendrai des opérations auxquelles ils sont applicables.

(*) *Deux choses sont égales en arithmétique, quand elles ont même valeur.* Ainsi, deux nombres sont égaux, lorsqu'ils renferment autant d'unités l'un que l'autre : 5 $=$ 5. — L'ensemble du signe $=$ et des deux choses qu'il sépare, se nomme une *égalité* ou une *équation.* Ainsi, 2 $+$ 2 $=$ 4 est une équation ou une égalité. Les chiffres à la gauche du signe $=$ forment le premier membre de l'équation ; le chiffre à sa droite en forme le second membre. Lorsque l'équation devient générale, c'est-à-dire qu'elle est applicable à plusieurs opérations, elle prend le nom de *formule.* L'emploi des formules dispense de refaire souvent de longues et pénibles opérations. Malgré cet avantage, on ne doit néanmoins les utiliser que lorsque le jugement est formé ; car, si l'on en montrait le mécanisme ingénieux aux enfants, on retarderait le développement de leur intelligence et ils deviendraient bientôt de véritables machines à calculer.

QUESTIONNAIRE.

56. — *Qu'est-ce qu'un problème?*

57. — *Qu'est-ce que résoudre un problème ?*

58. — *Qu'est-ce que la solution d'un problème?*

59. — *Quels sont les principaux signes employés en arithmétique?*

EXERCICES PRATIQUES.

157. Énoncez les égalités ou équations suivantes :

$$6 + 4 = 10$$
$$4 + 6 = 5 + 5$$
$$8 - 4 = 4$$
$$6 - 2 = 2 + 2$$
$$8 - 4 + 6 = 5 + 6 - 1$$
$$2 + 2 = 4$$
$$5 \cdot 2 = 6 + 4$$
$$8 : 2 + 2 + 2$$
$$\frac{1}{2} = 4$$

158. Énoncez les inégalités suivantes :

$$6 > 2; \quad 2 < 6; \quad 10 < 100; \quad 100 > 10.$$

159. Résolvez de mémoire les problèmes suivants :

1° — Paul a dix fois plus de boutons que Jacques qui en a 75. — Combien Paul possède-t-il de boutons?

2° — Si la garnison d'une ville était dix fois plus nombreuse, elle serait de 50 000 hommes. — Quelle est-elle ?

3° — Si j'avais été aussi studieux que mon frère, j'aurais eu, à la fin de l'année, autant de bons-points que lui, c'est-à-dire cent fois plus de bons-points que je n'en possède, et je n'en compte que 50. — Combien, par son assiduité à l'étude, mon frère a-t-il gagné de bons-points?

4° — L'avant-garde d'un régiment est de 100 hommes, et elle est dix fois moins nombreuse que le régiment. — Quel est le nombre d'hommes de ce régiment?

5° — Un père laisse à ses dix enfants une fortune de 100 000 fr. — Quelle est la part de chacun ?

6° — Une bergerie contient 100 moutons qui valent 1 000 fr. — Combien vaut chaque mouton, en supposant qu'ils ont tous la même valeur ?

7° — Mon maître, qui aime les enfants studieux, m'a promis 10 bons-points chaque fois que je saurais bien mes leçons ; j'ai étudié comme il faut, et 100 fois de suite mon maître a été content. — Combien ai-je reçu de bons-points en tout ?

8° — Que je regrette d'avoir été paresseux ! Mon frère, par son travail, a obtenu 10 fois plus de bonnes notes que moi qui n'en ai mérité que 9. — Combien son application lui vaut-elle de bonnes notes ?

ENTRETIEN XXI.

Addition des nombres simples.

TABLES D'ADDITION.

Le mot ADDITION veut dire *augmentation, réunion, assemblage.*

ADDITIONNER, c'est donc *ajouter, réunir* les nombres les uns aux autres de manière à former un nombre qui contienne à lui seul toutes les unités des autres nombres. Or, nous avons vu — nnes antrés — que, pour former les nombres, il suffit d'ajouter successivement une nouvelle unité au dernier nombre obtenu. La série des nombres naturels offre donc un exemple d'addition, puisqu'elle est formée de l'unité ajoutée successivement à elle-même. Ainsi, l'*addition* ne diffère de la *numération,* que parce qu'elle donne un moyen plus prompt d'ajouter les nombres.

Vous savez tous — **mes amis** — faire de *petites additions*. Quand vous comptez vos chiques, vos boutons, pour savoir combien vous en avez en totalité, vous faites une *addition*; car vous les *assemblez*, vous les *réunissez* en ajoutant d'abord un bouton à lui-même et ensuite au nombre précédemment obtenu, jusqu'à ce que vous ayez le résultat que vous désirez connaître. Ainsi, je suppose qu'un élève, ayant été sage à l'école, reçoive de son maître le lundi 3 bons-points, le mardi 5, le mercredi 4, le jeudi 2, le vendredi 6 et le samedi 7 ; le dimanche il s'amuse à compter tous ses bons-points : pour cela il les *ajoute successivement un à un*, et il trouve qu'il a reçu, pour son application, dans la semaine, 27 bons-points, c'est-à-dire que les différents nombres de points qu'il a reçus séparément se trouvent ainsi *ajoutés*, *réunis* en un seul nombre 27.

L'opération par laquelle on *ajoute*, on *réunit* plusieurs nombres de la *même espèce* en un seul nombre s'appelle ADDITION. Le nombre qui est l'*assemblage*, la *réunion* des autres nombres, s'appelle SOMME OU TOTAL.

Donc :

60. — **DÉFINITION.** — *L'ADDITION est une opération par laquelle on* RÉUNIT *plusieurs nombres de la* MÊME ESPÈCE, *pour n'en former qu'un seul nombre que l'on appelle* SOMME OU TOTAL.

Il est évident que la SOMME ou le TOTAL est toujours un nombre de la *même espèce* que les nombres que l'on ajoute. Et en effet, la SOMME ou le TOTAL que l'on doit obtenir ne peut exprimer qu'*une seule espèce d'unités*; car si l'on ajoutait, je suppose, *4 chaises et 8 tables*, la *somme 12* ne pourrait avoir AUCUN NOM : elle n'exprimerait ni *12 chaises* ni *12 tables,* donc :

61. — ON NE PEUT AJOUTER ENSEMBLE *que des nombres de* MÊME ESPÈCE.

Le *total* est donc toujours de même espèce que les nombres dont il est formé.

Le moyen le plus naturel de faire l'*addition*, c'est — **mes amis** — d'ajouter à l'un des nombres toutes les unités renfermées dans les autres nombres. Et, en effet, la somme de plusieurs nombres devant contenir toutes leurs unités, il est évident que pour les additionner, il faut ajouter successivement à l'un d'eux toutes les unités qui sont contenues dans les autres nombres. Si, par exemple, on veut avoir la somme des nombres 7 *pommes* et 3 *pommes*, on dira, en décomposant le nombre 3 en ses unités : 7 *pommes et 1 pomme font 8 pommes, et 1 pomme font 9 pommes, et 1 pomme font* 10 POMMES, ou la *somme cherchée.* Mais, vous comprenez — **mes amis** — que ce moyen serait d'une longueur désespérante, si les nombres à additionner étaient considérables. On a donc dû rechercher un moyen plus prompt de faire l'addition. On a remarqué que pour *former la somme*, il n'était pas nécessaire, comme dans la numération, d'ajouter *une à une* toutes les unités des nombres à additionner ; mais qu'il suffisait de former un nombre qui contînt à lui seul toutes les *unités*, toutes les *dixaines*, toutes les *centaines* de ces nombres. Or, les *unités*, les *dixaines* et les *centaines* de ces nombres ne dépassent jamais *neuf*; par conséquent, pour faire toutes les additions possibles, il suffit de savoir additionner les nombres d'*un seul chiffre,* appelés NOMBRES SIMPLES par opposition aux NOMBRES COMPOSÉS qui en renferment *plusieurs.*

62. — *L'*ADDITION DES NOMBRES SIMPLES SE FAIT DE MÉMOIRE, *au moyen de la* TABLE D'ADDITION. Voici cette table :

1 et 1 font 2	1 et 4 font 5	1 et 7 font 8
ou	ou	ou
$1 + 1 = 2$	$1 + 4 = 5$	$1 + 7 = 8$
$2 + 1 = 3$	$2 + 4 = 6$	$2 + 7 = 9$
$3 + 1 = 4$	$3 + 4 = 7$	$3 + 7 = 10$
$4 + 1 = 5$	$4 + 4 = 8$	$4 + 7 = 11$
$5 + 1 = 6$	$5 + 4 = 9$	$5 + 7 = 12$
$6 + 1 = 7$	$6 + 4 = 10$	$6 + 7 = 13$
$7 + 1 = 8$	$7 + 4 = 11$	$7 + 7 = 14$
$8 + 1 = 9$	$8 + 4 = 12$	$8 + 7 = 15$
$9 + 1 = 10$	$9 + 4 = 13$	$9 + 7 = 16$

1 et 2 font 3	1 et 5 font 6	1 et 8 font 9
ou	ou	ou
$1 + 2 = 3$	$1 + 5 = 6$	$1 + 8 = 9$
$2 + 2 = 4$	$2 + 5 = 7$	$2 + 8 = 10$
$3 + 2 = 5$	$3 + 5 = 8$	$3 + 8 = 11$
$4 + 2 = 6$	$4 + 5 = 9$	$4 + 8 = 12$
$5 + 2 = 7$	$5 + 5 = 10$	$5 + 8 = 13$
$6 + 2 = 8$	$6 + 5 = 11$	$6 + 8 = 14$
$7 + 2 = 9$	$7 + 5 = 12$	$7 + 8 = 15$
$8 + 2 = 10$	$8 + 5 = 13$	$8 + 8 = 16$
$9 + 2 = 11$	$9 + 5 = 14$	$9 + 8 = 17$

1 et 3 foi 4	1 et 6 font 7	1 et 9 font 10
ou	ou	ou
$1 + 3 = 4$	$1 + 6 = 7$	$1 + 9 = 10$
$2 + 3 = 5$	$2 + 6 = 8$	$2 + 9 = 11$
$3 + 3 = 6$	$3 + 6 = 9$	$3 + 9 = 12$
$4 + 3 = 7$	$4 + 6 = 10$	$4 + 9 = 13$
$5 + 3 = 8$	$5 + 6 = 11$	$5 + 9 = 14$
$6 + 3 = 9$	$6 + 6 = 12$	$6 + 9 = 15$
$7 + 3 = 10$	$7 + 6 = 13$	$7 + 9 = 16$
$8 + 3 = 11$	$8 + 6 = 14$	$8 + 9 = 17$
$9 + 3 = 12$	$9 + 6 = 15$	$9 + 9 = 18$

AUTRE TABLE D'ADDITION (*)

LIGNES HORIZONTALES.

LIGNES VERTICALES.

0	1	2	3	4	5	**6**	7	8	9
1	2	3	4	5	6	7	8	9	10
2	3	4	5	6	7	8	9	10	11
3	4	5	6	7	8	9	10	11	12
4	5	6	7	8	9	**10**	11	12	13
5	6	7	8	9	10	11	12	13	14
6	7	8	9	10	11	12	13	14	15
7	8	9	10	11	12	13	14	15	16
8	9	10	11	12	13	14	15	16	17
9	10	11	12	13	14	15	16	17	18

LIGNES VERTICALES.

LIGNES HORIZONTALES.

Pour former cette table d'addition, il suffit — **mes amis** — d'écrire, sur une ligne horizontale, les *dix chiffres* en commençant par 0, puis de former les autres lignes, en ajoutant une unité à chaque nombre de la ligne précédente.

(*) Nous avons donné cette deuxième table d'addition, parce qu'elle est ingénieuse et qu'elle prépare l'élève au mécanisme admirable de la table de multiplication, due au célèbre *Pythagore*. — Au surplus, ces différentes manières d'obtenir la somme de deux nombres simples intéressent l'enfant, et l'obligent à revoir ce qu'une première fois lui a appris.

Si vous voulez trouver la somme de deux chiffres, *4* et *6* par exemple, suivez de *gauche à droite* la ligne horizontale qui commence par *4*, et du *haut en bas* la ligne verticale qui commence par *6* ; le nombre sur lequel ces deux lignes se rencontreront est **10**, ou la somme cherchée.

QUESTIONNAIRE.

60. — *Qu'est-ce que l'addition des nombres entiers ?*

61. — *Peut-on ajouter ensemble des nombres d'espèces différentes?*

62. — *Comment se fait l'addition des nombres simples ?*

EXERCICES PRATIQUES.

Malheureusement encore, dans certaines écoles primaires, les enfants qui ne savent pas lire, perdent un temps précieux qu'il est cependant si facile d'utiliser. Les heures d'école sont courtes, il suffit de les bien employer. Or rien n'est plus propre à occuper tous les élèves d'une classe, que l'enseignement du calcul, du calcul mental surtout. Les chiffres ont cela d'attrayant, qu'ils se mêlent aux idées les plus élémentaires, à la conversation la plus simple, aux usages les plus journaliers ; ils fixent par là l'attention mobile des enfants qui échappent ainsi à l'ennui, cette rouille qui altère les intelligences les plus saines, qui corrompt les natures les plus heureuses. Les maîtres devront donc, pendant les études des classes supérieures, s'occuper de l'enseignement collectif des classes élémentaires, en adressant aux enfants des questions de la nature de celles qui suivent :

160. Récitez la table d'addition (*).

161. De combien de manières, dans la table d'addition, peut-on former les sommes suivantes :

2 — 3 — 4 — 5 — 6 — 7 — 8 — 9 — 10 — 11
12 — 13 — 14 — 15 — 16 — 17 — 18 ?

162. Combien la table d'addition contient-elle réellement de sommes différentes ?

(*) Il ne faut pas toujours faire réciter la table d'addition suivant l'ordre naturel, mais prendre des cases au hasard, afin de s'assurer que les élèves l'ont bien comprise.

163. Combien d'oiseaux font 5 corbeaux, 8 pigeons et 7 moineaux ?

164. Un oiseleur a pris 7 alouettes d'un premier coup de filet, 6 du second, 8 du troisième, 5 du quatrième et 9 du cinquième. — Combien a-t-il pris d'alouettes ?

165. A quoi est égal :
8 plus 6 ? — 9 plus 4 ? — 2 plus 7 ? — 5 plus 5 ? —
  7 plus 2 ? — 5 plus 5? — 9 plus 9 ? — 4 plus 8 ? (*)

166. Une ménagère achète pour 8 fr. de pain, 3 fr. de viande, 4 fr. de sucre, 5 fr. de café, 2 fr. de savon et 1 fr. de chandelle. — Quelle somme a-t-elle dépensée ?

167. Julien a un cœur excellent, son bonheur n'est pas d'être dans l'abondance mais d'obliger (**); il ne prend jamais d'argent pour ses plaisirs, sans avoir fait la part des pauvres de son village. Une semaine il a donné 4 fr. le lundi, 3 fr. le mardi, 7 fr. le mercredi, 5 fr. le jeudi, 6 fr. le vendredi, 8 fr. le samedi et 9 fr. le dimanche. — Quelle est son aumône de la semaine ?

(*) Pour les élèves sachant lire, il sera bon d'écrire au tableau noir la question de cette manière : $8 + 6 =$; $9 + 4 =$; etc...., afin de les initier à la pratique si utile des équations. Il sera bon aussi de compléter les égalités, au fur et à mesure que les sommes auront été trouvées.

(**) XIV.

On est toujours heureux quand on peut être utile.
Des services rendus et de nombreux bienfaits
Rendent la conscience et contente et tranquille.
On jouit en voyant les heureux qu'on a faits.

XV.

A quoi vous servirait d'avoir de la richesse,
Si ce n'était — *enfants* — pour aider le prochain ?
Logés, vêtus, nourris avec délicatesse,
Songez combien de gens n'ont pas même de pain !

XVI.

Que tous les malheureux puisent dans votre bourse ;
Mais évitez aussi la prodigalité :
Il faut savoir borner sa générosité ;
Et, pour d'autres bienfaits, garder quelque ressource.

ENTRETIEN XXII.

Addition des nombres composés.

RÈGLE, EXEMPLE, DÉMONSTRATION.

Nous avons à nous occuper, dans cet entretien, de *l'addition des nombres composés*. Ce travail — mes amis — ne vous offrira pas de difficulté, puisque vous savez faire l'addition des nombres simples.

Supposons qu'il s'agisse de connaître le nombre de bons points gagnés en un mois par un élève studieux. Il y a quatre semaines dans un mois : la première semaine cet élève a reçu 21 bons points, la deuxième 33, la troisième 22 et la quatrième 13. Chacun de ces nombres est composé de *dixaines* et *d'unités*; en les décomposant, nous obtiendrons les égalités suivantes :

NOMBRES COMPOSÉS.		NOMBRES SIMPLES.	
D. U.		D.	U.
21	=	2 +	1
33	=	3 +	3
22	=	2 +	2
13	=	1 +	3
TOTAL. 89	=	8 +	9 SOMME.

Additionnant les unités, nous trouvons *9 unités*;

Additionnant les dixaines, nous trouvons *8 dixaines* qui valent *80 unités*;

Or, *80 unités* et *9 unités* font **89** UNITÉS : c'est la somme cherchée.

L'addition des nombres composés, contenant des

dixaines et des unités , se réduit donc à deux additions
de nombres simples.

En général, on a à faire autant d'additions de
nombres simples, que les nombres composés à additionner contiennent d'*ordres d'unités*.

Ainsi, supposons encore qu'on demande la somme
des nombres composés suivants :

	C. de mille.	D. de mille.	MILLE.	Centaines.	Dixaines.	UNITÉ	Colonne verticale.
Ligne horizontale.	6	5	2	3	9	1	
		1	6	4	0	7	

SOMME OU TOTAL.

Comme dans l'exemple précédent , j'écris ces nombres
sur deux lignes horizontales, en plaçant les unités sous
les unités, les dixaines sous les dixaines; en général,
les unités de même ordre dans une même colonne verticale; je souligne le tout, afin de séparer la somme
pour ne pas la confondre avec les autres nombres.

Je commence par la colonne des unités,
en disant *1 et 7 font 8* ;

Et j'écris 8 au total. *8*

Addition des unités.

652 391
16 407

Je passe à la colonne des dixaines , en
disant *9 et 0 font 9* ;

Et j'écris 9 au total.. 98

Addition des dixaines.

652 591
16 407

Addition des centaines.

Je passe à la colonne des centaines, en
disant *3 et 4 font 7* ;

$$652\ 391$$
$$16\ 407$$

Et j'écris 7 au total. 798

Addition des mille.

Je passe à la colonne des mille, en
disant *2 et 6 font 8;*

$$652\ 391$$
$$16\ 407$$

Et j'écris 8 au total. *8* 798

Addition des dixaines
de mille.

Je passe à la colonne des dixaines de
mille, en disant *5 et 1 font 6 ;*

$$652\ 391$$
$$16\ 407$$

Et j'écris 6 au total. *68* 798

Addition des centaines
de mille.

Je passe enfin à la colonne des centaines
de mille, en disant *6 et rien font 6 ;*

$$652\ 391$$
$$16\ 407$$

Et j'écris 6 au total. *668* 798

Le nombre total *668 798*, trouvé par ces opérations
partielles, est la somme des deux nombres 652 391
et 16 407, puisqu'il en renferme toutes les unités,
toutes les dixaines, toutes les centaines, tous les
mille, toutes les dixaines de mille et toutes les centaines de mille que j'ai réunies successivement.

Remarquez — **mes amis** — que dans les deux
exemples qui précèdent, chacune des sommes partielles
dont se compose le total, est *plus petite que 10* et la
plus grande est 9. Le contraire arrive généralement
dans le calcul.

Soit à trouver la somme des nombres 467, 945, 128 et 312.

Chacun de ces nombres est composé de *centaines*, de *dixaines* et d'*unités*; en les décomposant, on obtient les égalités suivantes :

		NOMBRES SIMPLES.		
NOMBRES		C.	D.	U.
COMPOSÉS				
c. d. u. Reports		1	2	.
467	=	4 +	6 +	7
945	=	9 +	4 +	5
128	=	1 +	2 +	8
312	=	3 +	1 +	2
1852	=	18 +	5 +	2

Je commence par la colonne des *unités*, en disant 7 et 5 font 12 et 8 font 20 et 2 font 22 UNITÉS, ou 2 *dixaines* et 2 *unités*; j'écris les 2 unités sous la colonne des unités, et je reporte les deux dixaines que j'écris au haut de la colonne des dixaines (*).

Je passe à la colonne des *dixaines*, en disant 2 de report et 6 font 8 et 4 font 12 et 2 font 14 et 1 font 15 DIXAINES, ou 1 *centaine* et 5 *dixaines*; j'écris les 5 dixaines sous la colonne des dixaines, et je reporte 1 centaine que j'écris au haut de la colonne des centaines.

J'additionne les centaines, en disant 1 de report et 4 font 5 et 9 font 14 et 1 font 15 et 3 font 18 *centaines*, ou 1 *mille* et 8 *centaines*; j'écris les 8 centaines sous la colonne des centaines, et 1 mille sous la colonne des mille comme si elle existait.

(*) Dans la pratique, on se dispense d'écrire les reports que l'on retient par cœur pour les ajouter aux unités de même ordre qu'eux.

Le *nombre total 1852*, trouvé par ces additions partielles, est la SOMME des quatre nombres 467, 945, 128 et 312, puisqu'il en renferme toutes les unités, toutes les dixaines et toutes les centaines que j'ai réunies successivement.

Les additions des nombres composés se réduisent donc toujours à des additions de nombres simples.

De ce qui précède, nous pouvons déduire la *règle générale* suivante :

63. — **RÈGLE.** — POUR FAIRE L'ADDITION DES NOMBRES ENTIERS COMPOSÉS : — ON ÉCRIT *tous les nombres à additionner les uns sous les autres, en plaçant les unités de même ordre dans une même colonne verticale ;* ON SOULIGNE *le tout ;* ON FAIT *successivement la somme de chaque colonne, en commençant par la droite: si la somme d'une même colonne ne surpasse pas* 9, ON L'ÉCRIT *telle qu'on la trouve ; si une somme surpasse 9, c'est qu'elle contient des unités et des dixaines :* ON ÉCRIT *seulement les unités sous la colonne que l'on vient d'additionner, et l'*ON RETIENT *les dixaines pour les ajouter, comme unités simples, à la colonne suivante à gauche ;* ON CONTINUE *ainsi jusqu'à la dernière colonne, en écrivant la somme telle qu'on la trouve.* LE NOMBRE PLACÉ SOUS LE TRAIT EST LA SOMME TOTALE.

64. — **EXEMPLE.** — SOIENT A ADDITIONNER LES NOMBRES SUIVANTS : 86 437, 5 209, 61 780 et 97 642.

On dispose l'opération ainsi, selon la règle ci-dessus :

NOMBRES A ADDITIONNER.

Gauche.
```
86 437
 5 209
61 780
97 642
```
Droite.

SOMME OU TOTAL.   251 068

Et l'on dit :

7 et 9 font 16, *et 2 font* 18 : en 18, il y a 8 unités et 1 dixaine ; *je pose* 8 sous la colonne des unités, *et je reporte* 1 pour l'ajouter à la colonne des dixaines.

3 et 1 de report font 4, *et 8 font* 12, *et 4 font* 16 : en 16, il y a 6 dixaines et 1 centaine ; *je pose* 6 sous la colonne des dixaines, *et je reporte* 1 pour l'ajouter à la colonne des centaines.

4 et 1 de report font 5, *et 2 font* 7, *et 7 font* 14, *et 6 font* 20 : en 20, il n'y a pas de centaine, il y a 2 mille ; *je pose* 0 sous la colonne des centaines, *et je reporte* 2 pour les ajouter à la colonne des mille.

6 et 2 de report font 8, *et 5 font* 13, *et 1 font* 14, *et 7 font* 21 : en 21, il y a 1 mille et 2 dixaines de mille ; *je pose* 1 sous la colonne des mille, *et je reporte* 2 pour les ajouter à la colonne des dixaines de mille.

8 et 2 de report font 10, *et 6 font* 16, *et 9 font* 25 : *je pose* 25.

La somme cherchée est 251 068.

Dans la pratique et pour abréger, on se dispense d'énoncer le nom de l'espèce des unités que l'on additionne ; et, dans le cours de l'addition des chiffres d'une même colonne, on ne répète jamais la dernière somme obtenue.

Ainsi, dans l'exemple ci-dessus, on dit simplement :

7 et 9 font 16, et 2 font 18 ; je pose 8 et reporte 1.

1 de report et 3 font 4, et 8 font 12, et 4 font 16 ; je pose 6 et reporte 1.

1 de report et 4 font 5, et 2 font 7, et 7 font 14, et 6 font 20 ; je pose 0 et reporte 2.

2 de report et 6 font 8, et 5 font 13, et 1 font 14, et 7 font 21 ; je pose 4 et reporte 2.

2 de report et 8 font 10, et 6 font 16, et 9 font 25 ; je pose 25.

On peut encore simplifier avantageusement cette dernière méthode, en n'énonçant que les sommes partielles ; en disant :

7, 16, 18 ; je pose 8 et reporte 1.

1, 4, 12, 16 ; je pose 6 et reporte 1.

1, 5, 7, 14, 20 ; je pose 0 et reporte 2.

2, 8, 13, 14, 21 ; je pose 4 et reporte 2.

2, 10, 16, 25 ; je pose 25.

Je vous engage. — **mes amis** — à faire les additions de cette manière, qui est fort simple et très-expédi-tive. (*)

(*) Il ne faut pas laisser prendre aux enfants la mauvaise habitude de compter avec leurs doigts, ce qui nuit au développement de l'intelligence en la rendant paresseuse. L'usage des doigts ne peut être utile que dans la formation des nombres. Dans les opérations de l'arithmétique, c'est le jugement, plus que la mémoire, qu'il faut mettre en jeu ; autrement les calculs deviennent routiniers et s'oublient vite.

L'opération qui précède, peut aussi s'écrire sous cette forme :

$$86\ 457 + 5\ 209 + 61\ 780 + 97\ 642 = 251\ 068.$$

Démontrer une chose en arithmétique, c'est prouver qu'elle est vraie. Or il nous reste, pour terminer cet entretien, à démontrer que la *règle* qui précède est *vraie*, c'est-à-dire qu'elle conduit directement au résultat demandé. En effet, on fait la somme des unités, la somme des dixaines, la somme des centaines de chaque ordre ternaire, c'est-à-dire la somme de toutes les parties dont les nombres sont composés ; par conséquent on doit avoir la *somme totale* de ces mêmes nombres, puisque *le tout est égal à ses parties prises ensemble.*

Donc :

65. — **DÉMONSTRATION.** — *En opérant suivant la* RÈGLE DE L'ADDITION, *on réunit toutes les parties des nombres proposés : ce qui donne leur* SOMME.

QUESTIONNAIRE.

63. — *Comment fait-on l'addition des nombres entiers composés ?*

64. — *Donnez un exemple.*

65. — *Prouvez que la règle est vraie.*

EXERCICES PRATIQUES.

La connaissance du calcul mental s'acquiert moins par l'étude de certaines règles qu'il serait difficile de *généraliser*, que par leur application constante à des exercices nombreux et bien gradués. Ces règles, ou plutôt ces *indications*, ne sont véritablement que des moyens plus ou moins ingénieux que le calculateur mental emploie ou modifie suivant la nature de ses opérations. Que l'on donne une question à résoudre à plusieurs élèves, on remarquera, en effet, qu'ils arriveront tous au même résultat par une marche différente et en plus ou moins de temps ; chacun aura *inventé* un moyen de solution en rapport avec son intelligence, qui agit seule, car tel est le mérite du calcul mental de former le jugement tout en développant la mémoire. C'est donc au calculateur à trouver les moyens qui le mèneront plus facilement et plus promptement au résultat cherché : cette faculté ne peut s'acquérir qu'en se livrant à de nombreux exercices. Or, les exercices que nous avons donnés sur la numération, qui est toute l'arithmétique, sont une excellente préparation à la pratique du calcul de tête ; et le calculateur qui les possède bien, ne rencontre que rarement des difficultés dans les solutions mentales qui lui sont demandées. La pratique de nos exercices et la connaissance des moyens que nous allons indiquer, donneront aux élèves, pour le calcul de tête, une facilité bien précieuse sans laquelle il faut recourir aux règles, souvent longues et fastidieuses, de l'arithmétique, qui s'oublient bientôt quand elles sont apprises machinalement.

Voici, entr'autres moyens, ceux que nous croyons plus spécialement applicables aux quatre opérations de l'arithmétique :

1. — *Choisir le moyen qui soulage le plus la mémoire, en évitant les grands nombres.*

2. — *Disposer l'opération de manière à ce qu'il y ait le moins possible de nombres à retenir, en rattachant les calculs à un nombre pris pour base de l'opération.*

3. — *Commencer les opérations par les unités de l'ordre le plus élevé, pour arriver successivement aux unités inférieures.*

4. — *Retenir par cœur les résultats qui se reproduisent souvent dans les calculs.*

5. — *Décomposer les longues opérations en plusieurs parties.*

Ces règles, surtout celle qui est relative à la décomposition des grands nombres, donnent une facilité bien importante aux élèves qui, dans le calcul de tête, les appliquent avec intelligence ; nous les recommandons avec la plus vive instance aux personnes qui s'occupent de l'étude du calcul mental.

Voici enfin quelques règles particulièrement applicables à l'addition des nombres entiers ; elles supposent nécessairement la connaissance complète de la table d'addition.

1. — *Si les nombres à additionner ont chacun deux chiffres, on décompose l'opération en deux additions de nombres simples , et l'on commence par l'addition des dixaines à la somme desquelles on ajoute celle des unités.*

Exemple : additionner **24** et **35**.

2^d + 3^d = 5 dixaines, ou 50 unités ; 4^u + 5^u = 9 unités : or, 50 + 9 = 59, total cherché.

2. — *Si les nombres à additionner ont chacun trois chiffres, on décompose l'opération en trois additions partielles, et l'on commence par l'addition des plus hautes unités.*

Ex. Additionner **346** et **552**.

3^c + 5^c = 8 centaines, ou 80 dixaines ; 4^d + 5^d = 9 dixaines : or 80^d + 9^d = 89 dixaines, ou 890 unités ;
6^u + 2^u = 8 unités : donc 890^u + 9^u = 899 unités, total cherché.

3. *Si les nombres à additionner n'ont pas la même quantité de chiffres, on prend comme base le nombre qui contient le plus de chiffres, on y ajoute les plus hautes unités du second, puis successivement les unités suivantes dans l'ordre où elles se présentent.*

Ex. Additionner **4567** et **382**.

45^c + 3^c = 48 centaines, ou 480 dixaines ; 6^d + 8^d = 14 dixaines : or 480^d + 14^d = 494 dixaines, ou 4940 unités ; 7^u + 2^u = 9 unités : donc 4940^u + 9^u = 8949 unités , total cherché.

4. *S'il y a plusieurs nombres à additionner, on prend pour*

base le plus grand de ces nombres, on y ajoute le deuxième nombre, puis à leur somme le troisième nombre, etc., en procédant toujours suivant l'ordre tracé ci-dessus.

Ex. Additionner 345, 78 et 91.

$34^d + 7^d = 41$ dixaines, ou 410 unités ; $5^u + 8^u = 13$ unités : or $410^u + 13^u = 423$ unités, total des deux premiers nombres, auquel reste à ajouter le troisième nombre de la manière suivante : $42^d + 9^d = 51$ dixaines, ou 510 unités ; $3^u + 1^u = 4$ unités donc $510^u + 1u. = 511$ unités, total cherché.

La seule difficulté que l'on éprouve dans ce cas, c'est de se rappeler les nombres à additionner et les résultats qu'ils fournissent séparément ; l'habitude seule en donne la faculté.

A ces quatre règles, on peut avantageusement ajouter les moyens mécaniques suivants, qui rendent parfois les calculs moins longs et plus sûrs ; toutefois ils supposent la connaissance de la soustraction et de la multiplication.

1. — *S'il ne manque que peu d'unités au nombre que l'on choisit pour base, on les y ajoute afin d'en faire un nombre rond et on les retranche du total.*

Ex. Additionner 98 et 25. — J'ajoute 2 à 98, et j'ai pour base 100 ; or 100 et 25 font 125 : donc en ôtant 2 de 125, il reste 123 pour le véritable total.

2. — *Si les nombres à additionner sont égaux, on en obtient plus facilement le total par la multiplication ; — s'ils ne diffèrent que de peu d'unités, on les égalise et l'on rectifie ensuite le résultat.*

3. *Si l'on a trois nombres consécutifs à additionner, on les égalise en retranchant une unité au plus grand pour l'ajouter au plus petit, et l'on fait le total par la multiplication.*

(Voir pour l'application de ces deux procédés, les exercices relatifs à la multiplication.)

Au moyen des règles ci-dessus, les maîtres feront résoudre de vive voix, par leurs élèves, les problèmes suivants et d'autres semblables. Toutefois, ils ne feront décomposer les nombres que dans le cas où les élèves ne pourraient trouver directement le résultat ; et si, après avoir essayé de tous les procédés, les enfants se trouvaient embarrassés, les maîtres donneraient alors verbalement la solution qu'ils écriraient ensuite au tableau noir pour frapper les yeux et l'esprit des enfants.

168. Paul a 25 chiques et il en gagne 14. — Combien a-t-il de chiques après la partie ?

169. Un ouvrier de mauvaise conduite a dépensé le dimanche les 12 francs qu'il avait péniblement gagnés dans la semaine, et le lundi il a fait un écot de 18 francs. — Combien lui ont coûté en tout ses deux jours de ribote ?

170. Pierre, ayant mal fait ses devoirs, a eu à apprendre par cœur, 15 lignes le lundi et 16 le mardi. — Combien de lignes de punition ?

171. Un homme s'est marié à 30 ans ; 3 ans après il a eu un fils qui a vécu 20 ans, et auquel le père a survécu de 5 ans. — A quel âge le père est-il mort ?

172. Un individu est né en 1850. — En quelle année aura-t-il 46 ans ?

173. Jules a deux sacs de noisettes : le premier sac en contient 205, et le second 195. — Combien a-t-il de noisettes ?

174. Une maison a coûté 5,000 francs ; on y a fait des réparations pour 400 francs. — Combien faut-il la revendre pour gagner 600 francs ?

175. — Un propriétaire a récolté 2,000 gerbes de blé, 1,800 d'avoine et 650 d'orge. — Combien de gerbes en tout ?

176. En vendant pour 1,250 francs de pain, un boulanger a perdu 80 francs. — Pour ne rien perdre, combien eut-il dû vendre ?

177. Quelle est la longueur d'un mur qui clot un jardin, ayant au nord 250 mètres de côté, au midi 45 mètres, au levant 180 mètres, et au couchant 170 mètres ? (*)

178. Un cultivateur achète une jument 650 francs, qu'il échange contre un cheval moyennant 150 francs de retour. — Combien coûte le cheval ?

ENTRETIEN XXIII.

Addition des nombres composés. (Suite.)
USAGES ET PREUVES.

Je vous ai dit — **mes amis** — que *l'usage d'une opération est l'application pratique, utile, de la règle.* C'est donc ce qui doit vous intéresser le plus dans l'étude du calcul ; car, pour le plus grand nombre d'entre vous, l'arithmétique est moins une science d'agrément, qu'une science d'utilité pratique. Or, il vous sera toujours facile de découvrir les usages des opérations de l'arithmétique, en vous rappelant le but de chacune de ces opérations.

66. — USAGES. — *L'ADDITION S'EMPLOIE :*

1° Pour obtenir la somme ou le total de plusieurs nombres de même espèce ;

2° Pour augmenter un nombre d'un ou plusieurs nombres donnés de même espèce ;

3° Pour faire la preuve de la soustraction.

(*) Pour déterminer la position des différentes parties de la terre, on a imaginé les QUATRE POINTS CARDINAUX, qui sont : le *levant*, le *couchant*, le *nord* et le *midi*.

Le LEVANT est le point où le soleil se *lève*. — Le COUCHANT qui lui est opposé est le point où le soleil se *couche*. — Le NORD est le point qu'on a *devant soi*, quand on a le levant à sa droite et le couchant à sa gauche. — Le MIDI est le point *opposé* au nord.

Le levant s'appelle aussi *est* ou *orient*; le couchant *ouest* ou *occident*; le nord, *septentrion*, et le midi, *sud.*

L'addition est peut-être la plus difficile des quatre opérations fondamentales, à cause du rôle que doit y jouer la mémoire pour retenir les nombres. Aussi il arrive souvent que le meilleur calculateur se trompe dans une addition, et qu'il commet la même erreur en la recommençant ; de là le besoin de se vérifier par une preuve quelconque. Mais la preuve étant elle même une opération, est sujette à erreur, et, par conséquent, ne donne qu'une probabilité d'exactitude. Cependant le concours des circonstances nécessaires pour qu'une preuve soit fausse est si difficile à rencontrer, que cette probabilité devient presqu'une certitude.

Il y a — **mes amis** — plusieurs manières de faire la preuve de l'addition. Voici la plus simple, la plus expéditive et par conséquent la plus utilisée dans la pratique ; elle est en même temps la plus facile à retenir, puisqu'elle se fait par l'addition ; et elle a cela d'avantageux sur les autres preuves, qu'elle permet de vérifier à chaque colonne les chiffres du résultat, de façon à faire voir de suite où porte l'erreur qui pourrait exister.

L'addition se fait ordinairement de *haut en bas* ; la preuve étant une contre opération, se fera en additionnant de *bas en haut*. De cette manière, les chiffres étant ajoutés dans un autre ordre, on n'est pas exposé à commettre les mêmes erreurs ; et si l'on obtient les mêmes résultats, il est très-probable que la première opération est exacte.

Donc :

67. — **PREUVE.** — POUR FAIRE LA PREUVE DE L'ADDITION : — ON COMMENCE *par la droite* ; ON ADDITIONNE *de nouveau les chiffres de chaque* *colonne de* BAS EN HAUT, *si on les a d'abord additionnés de* HAUT EN BAS : *si les totaux sont les mêmes, il est probable que l'opération est exacte.*

QUESTIONNAIRE.

66. — *Quand emploie-t-on l'addition ?*
67. — *Indiquez la manière de faire la preuve de l'addition.*

EXERCICES PRATIQUES.

179. Faites la preuve des additions qui précèdent.

ENTRETIEN XXIV.

Observations sur l'Addition. (*)

Nous allons — **mes amis** — terminer aujourd'hui l'addition des nombres entiers par quelques *observations* qui y sont relatives, et qu'il n'est pas tout-à-fait inutile que vous sachiez.

I.

On n'a pas toujours à additionner des nombres disposés en colonne verticale. Les personnes que la routine a guidées dans l'étude du calcul, pensent que cette disposition est de nécessité ; c'est une erreur : elle facilite seulement les calculs en apportant plus de clarté dans l'opération. Il arrive plus souvent au contraire que l'on a à trouver les totaux des nombres placés sur une ligne horizontale, ou dispersés au hasard. Ces sortes d'opérations se rencontrent fréquemment dans les bureaux, en comptabilité ; et il importe que l'on s'exerce à les faire vite et bien.

(*) Ces observations et celles qui suivront les autres opérations pourront n'être étudiées que plus tard, si les maîtres le jugent convenable.

II.

Il arrive quelquefois que dans les nombres à additionner, il s'en trouve qui renferment un ou plusieurs zéros. On additionne sans y avoir égard. Toutefois, si une colonne entière est composée de zéros, on écrit un zéro au total, à moins que l'addition de la colonne précédente n'ait donné un report qui remplace alors le zéro au total.

III.

Quand on a de longues additions à faire, comme dans la tenue des livres, on peut simplifier l'opération de deux manières : — soit en les décomposant en plusieurs additions, et en réunissant les sommes partielles en un seul total dont l'exactitude est plus probable que le total qui résulterait d'une addition unique et fort longue ; — soit en employant le moyen suivant : *On fait l'addition comme à l'ordinaire, et chaque fois que le résultat surpasse 10, on pose un point à la droite du dernier chiffre qui a produit ce résultat, on retient les unités qui excèdent cette dixaine pour les ajouter au résultat plus bas en continuant l'addition dans le même ordre ; quand l'addition est terminée, on pose au total l'excédant de la dernière dixaine, et l'on compte en remontant tous les points qui sont autant de dixaines que l'on reporte, comme unités simples, à la colonne suivante à gauche sur laquelle on continue d'opérer semblablement.*

Un exemple est nécessaire pour mieux faire comprendre cette seconde simplification de l'addition.

On dit :

9 et 8 font 17, on pose un point à droite du 8 et l'on retient 7 ;

7 de retenue et 7 font 14, on pose un point à droite du 7 et l'on retient 4 ;

4 de retenue et 6 font 10, on pose un point à droite du 6 et l'on ne retient rien ;

5 et 4 font 9 et 3 font 12, on pose un point à droite du 3 et l'on retient 2 ;

2 de retenue et 2 font 4 et 1 font 5, on pose 5 au total.

On compte alors en remontant les points ou dixaines que l'on ajoute, comme unités simples, à la colonne des dixaines sur laquelle on opère comme sur la première colonne. Inutile de marquer les points dans l'addition de la dernière colonne à gauche.

5	0	9
6	1	8.
7	2	7.
8	3.	6.
9	4	5
1	5	4
2	6.	3.
3	7.	2
4	8.	1
5	9	0
5	4	9	5

Vous voyez que par cette méthode, d'une simplicité remarquable, on n'est pas exposé à recommencer toute une opération lorsqu'une erreur a été commise dans l'addition d'une colonne, puisque les retenues sont marquées par des points qu'il est toujours facile de compter. Ces points se font ordinairement au crayon, afin qu'on puisse les faire disparaître au besoin.

IV.

On commence l'addition par la droite, c'est-à-dire par la colonne des plus petites unités ; on pourrait tout aussi facilement la commencer par la gauche, si la somme des chiffres de chaque colonne ne surpassait pas 9. Mais il arrive souvent que la somme d'une colonne contient des dixaines qui doivent être ajoutées à la colonne immédiatement à gauche ; si donc la somme de cette colonne était déjà faite, il faudrait la changer pour y ajouter autant d'unités qu'on avait obtenu de dixaines dans la dernière colonne additionnée, ce qui causerait une confusion insupportable dans le calcul. — C'est donc pour éviter un tel inconvénient, qu'il faut commencer l'addition par la droite.

Voici un exemple où l'on peut, sans inconvénient, commencer par la gauche ou par la droite.

En effet, la somme des chiffres de chaque colonne ne surpasse pas 9 ; il n'y a par conséquent aucune retenue à opérer : donc l'addition de chaque colonne peut se faire séparément, sans qu'on s'inquiète de l'addition de la colonne voisine.

$$\begin{array}{r} 1234 \\ 3401 \\ 2150 \\ 3214 \\ \hline 9999 \end{array}$$

Voici un autre exemple où il y aurait inconvénient à commencer par la gauche.

En effet, la somme des chiffres de chaque colonne surpassant 9, renferme deux ordres d'unités ; ainsi la somme des unités renferme deux dixaines à ajouter aux dixaines, la somme des dixaines renferme trois centaines à ajouter aux centaines, la somme des centaines renferme deux mille à ajouter aux mille : l'addition par la gauche oblige donc, lorsqu'il y a des retenues, à une seconde, quelquefois même à une troisième addition ; il est donc plus simple et plus expéditif de commencer par la droite.

$$\begin{array}{r} 1\ 2\ 3\ 4 \\ 5\ 6\ 7\ 8 \\ 9\ 0\ 8\ 2 \\ 3\ 4\ 5\ 8 \\ 7\ 8\ 9\ 0 \end{array}$$

2	5			Mille.
	2	0		Centaines.
		3	2	Dixaines.
			2 2	Unités.

2 7 3 4 2 Total..

EN RÉSUMÉ : — *On commence l'addition par la droite, afin de n'être point obligé de revenir sur ses pas pour augmenter un chiffre déjà écrit au total.*

QUESTIONNAIRE.

A-t-on toujours à additionner des nombres en colonne verticale ? — Comment fait-on l'addition des nombres qui renferment un ou plusieurs zéros ? — Comment simplifie-t-on les longues additions ? — Pourquoi commence-t-on l'addition par la droite ?

MULTIPLICATION.

ENTRETIEN XXV.

Multiplication des nombres simples.

DÉFINITION. — TABLES DE MULTIPLICATION.

Le mot MUTIPLICATION veut dire aussi *augmentation.*

MULTIPLIER, c'est donc *additionner* : c'est *répéter* le même nombre plusieurs fois.

RÉPÉTER un nombre autant de fois qu'il y a d'unités dans un autre nombre, c'est *l'ajouter* ou *l'additionner* à lui-même autant de fois que l'indique ce dernier nombre.

Dans la pratique, on a souvent besoin de connaître la somme d'un nombre *répété* beaucoup de fois. Supposons qu'un homme qui reçoit 2 fr. par jour, désire savoir ce qu'il gagne en un an. Il est facile de voir que cette opération pourrait se faire par l'addition, en écrivant 2 fr. 565 fois. Mais vous comprenez — **mes amis** — qu'une opération semblable serait difficile à faire et d'une longueur désespérante. Les premiers calculateurs durent donc rechercher un moyen plus facile et plus court de faire ces sortes d'opérations ; ils trouvèrent heureusement ce moyen, auquel ils donnèrent le nom de MULTIPLICATION.

La MULTIPLICATION *est donc une addition abrégée.*

68. — **DÉFINITION.** — LA MULTIPLICATION DES NOMBRES ENTIERS *est une opération par laquelle* ON RÉPÈTE *un nombre appelé* MULTIPLICANDE, *autant de fois qu'il y a d'unités dans un autre nombre appelé* MULTIPLICATEUR. — *Le résultat de la multiplication se nomme* PRODUIT.

Le *multiplicande* et le *multiplicateur* sont appelés les DEUX FACTEURS du produit, parce qu'ils servent à le faire.

Le *Multiplicateur* est toujours un nombre *abstrait*, ou doit être regardé comme tel, car il ne fait que marquer *combien de fois* le multiplicande doit être répété; le *multiplicande* peut être quelquefois aussi un nombre *abstrait*, mais toujours le *produit* est de MÊME ESPÈCE que le *multiplicande*: le produit, n'est, en effet, que la somme de ce facteur ajouté à lui-même autant de fois qu'il y a d'unités dans le multiplicateur.

Il n'y a — **mes amis** — aucune règle à suivre pour multiplier un nombre simple par un nombre simple, mais on peut, au moyen de l'addition, découvrir les *produits* des nombres d'un seul chiffre, et pour les rendre plus facile à retenir, on les a réunis dans un petit tableau qui porte le nom de *livret* ou de TABLE DE MULTIPLICATION.

Il y a plusieurs manières de disposer la table de multiplication ; la plus facile à comprendre est celle-ci :

1 fois 1 fait 1	4 fois 1 font 4	7 fois 1 font 7
ou	ou	ou
$1 \times 1 = 1$	$4 \times 1 = 4$	$7 \times 1 = 7$
$1 \times 2 = 2$	$4 \times 2 = 8$	$7 \times 2 = 14$
$1 \times 3 = 3$	$4 \times 3 = 12$	$7 \times 3 = 21$
$1 \times 4 = 4$	$4 \times 4 = 16$	$7 \times 4 = 28$
$1 \times 5 = 5$	$4 \times 5 = 20$	$7 \times 5 = 35$
$1 \times 6 = 6$	$4 \times 6 = 24$	$7 \times 6 = 42$
$1 \times 7 = 7$	$4 \times 7 = 28$	$7 \times 7 = 49$
$1 \times 8 = 8$	$4 \times 8 = 32$	$7 \times 8 = 56$
$1 \times 9 = 9$	$4 \times 9 = 36$	$7 \times 9 = 63$

2 fois 1 font 2	5 fois 1 font 5	8 fois 1 font 8
ou	ou	ou
$2 \times 1 = 2$	$5 \times 1 = 5$	$8 \times 1 = 8$
$2 \times 2 = 4$	$5 \times 2 = 10$	$8 \times 2 = 16$
$2 \times 3 = 6$	$5 \times 3 = 15$	$8 \times 3 = 24$
$2 \times 4 = 8$	$5 \times 4 = 20$	$8 \times 4 = 32$
$2 \times 5 = 10$	$5 \times 5 = 25$	$8 \times 5 = 40$
$2 \times 6 = 12$	$5 \times 6 = 30$	$8 \times 6 = 48$
$2 \times 7 = 14$	$5 \times 7 = 35$	$8 \times 7 = 56$
$2 \times 8 = 16$	$5 \times 8 = 40$	$8 \times 8 = 64$
$2 \times 9 = 18$	$5 \times 9 = 45$	$8 \times 9 = 72$

3 fois 1 font 3	6 fois 1 font 6	9 fois 1 font 9
ou	ou	ou
$3 \times 1 = 5$	$6 \times 1 = 6$	$9 \times 1 = 9$
$3 \times 2 = 6$	$6 \times 2 = 12$	$9 \times 2 = 18$
$3 \times 3 = 9$	$6 \times 3 = 18$	$9 \times 3 = 27$
$3 \times 4 = 12$	$6 \times 4 = 24$	$9 \times 4 = 36$
$3 \times 5 = 15$	$6 \times 5 = 30$	$9 \times 5 = 45$
$3 \times 6 = 18$	$6 \times 6 = 36$	$9 \times 6 = 54$
$3 \times 7 = 21$	$6 \times 7 = 42$	$9 \times 7 = 63$
$3 \times 8 = 24$	$6 \times 8 = 48$	$9 \times 8 = 72$
$3 \times 9 = 27$	$6 \times 9 = 54$	$9 \times 9 = 81$

Mais la table de multiplication, généralement attribuée à Pythagore (*), est plus ingénieuse et a, sur la précédente, l'avantage de réunir tous les produits dans un petit espace ; la voici :

SENS HORIZONTAL.

1	2	3	4	5	6	7	8	9
2	4	6	8	10	12	14	16	18
3	6	9	12	15	18	21	24	27
4	8	12	16	20	24	28	32	36
5	10	15	20	25	30	35	40	45
6	12	18	24	30	36	42	48	54
7	14	21	28	35	42	49	56	63
8	16	24	32	40	48	56	64	72
9	18	27	36	45	54	63	72	81

SENS HORIZONTAL.

Cette table, comme vous le voyez, est formée de 9 colonnes horizontales et de 9 colonnes verticales qui donnent 81 cases, bien qu'il n'y ait réellement que 3*l*

(*) Pythagore, qui donna son nom à la table de multiplication, est un sage de la Grèce ; ce célèbre mathématicien habitait l'Italie, et vivait vers l'an 540 avant Jésus-Christ.

produits différents. — La première colonne horizontale contient les *neuf premiers nombres* pris chacun *une fois*, ou MULTIPLIÉS PAR 1 ; la deuxième colonne horizontale contient les neuf premiers nombres pris chacun *deux fois* ou MULTIPLIÉS PAR 2, et s'obtient en *ajoutant* à eux-mêmes chacun des nombres de la première colonne ; la troisième colonne horizontale contient les neuf premiers nombres pris chacun *trois fois* ou MULTIPLIÉS PAR 3, et s'obtient en *ajoutant* chacun des nombres de la deuxième colonne au nombre correspondant de la première colonne ; on continue ainsi jusqu'à la neuvième colonne horizontale qui contient les neuf premiers nombres pris chacun *neuf fois* ou MULTIPLIÉS PAR 9, et qui s'obtient également en *ajoutant* chacun des nombres de la huitième colonne au nombre correspondant de la première colonne.

La TABLE DE PYTHAGORE, ou de multiplication, se forme donc par *une suite d'additions*.

Les nombres de la première colonne horizontale sont ordinairement regardés comme *multiplicande*, et ceux de la première colonne verticale à gauche comme *multiplicateurs* ; cependant on pourrait, *sans changer les produits*, considérer ceux-ci comme multiplicandes et les premiers comme multiplicateurs.

D'après cela, *pour se servir de la table de Pythagore*, on cherche le multiplicande dans la première colonne horizontale, et le multiplicateur dans la première colonne verticale ; le produit se trouve dans le carreau où se rencontre ces deux colonnes.

Si vous voulez connaître le produit des facteurs 4 et 6, descendez la colonne verticale qui commence par le multiplicande 6 jusqu'à ce que vous arriviez à la colonne orizontale qui commence par le multiplicateur 4; le nombre 24, sur lequel vous vous arrêtez, est le produit cherché.

Cette multiplication peut s'écrire ainsi :

$$6 \times 4 = 24$$

On aurait le même produit en l'écrivant de cette manière :

$$4 \times 6 = 24$$

Et en effet, en cherchant dans la colonne des multiplicandes le facteur 4, et dans la colonne des multiplicateurs le facteur 6, on trouve également le produit 24 dans le carreau qui réunit ces deux colonnes.

Donc :

69. — *On peut, sans changer le produit,* INTERVERTIR *l'ordre des facteurs.*

De ce qui précède, nous pouvons déduire la règle suivante :

70. — LA MULTIPLICATION DES NOMBRES SIMPLES *se fait de mémoire, au moyen de la* TABLE DE PYTHAGORE.

Il est donc essentiel — **mes amis** — de bien savoir cette table par cœur, car elle est la base fondamentale de la multiplication.

> Nul n'est bon calculateur,
> S'il ne sait son livret par cœur.

QUESTIONNAIRE.

68. — *Qu'est-ce que la multiplication des nombres entiers ?*
69. — *Peut-on intervertir l'ordre des facteurs ?*
70. — *Comment se fait la multiplication des nombres simples ?*

EXERCICES PRATIQUES.

Il serait très-utile — dit Rivail — de faire composer la table de multiplication par les élèves eux-mêmes, et il le serait encore plus qu'ils pussent la savoir par cœur de manière à indiquer facilement les différents facteurs de tel ou tel nombre donné. Ce qui nuit surtout à la rapidité et à l'exactitude des calculs, c'est le peu d'habitude qu'ont les élèves de combiner de tête les petits nombres ; on ne saurait donc trop les exercer sur toutes ces combinaisons, afin de les leur rendre familières. Il est aussi nécessaire de faire résoudre à l'élève un certain nombre de multiplications par l'addition. On lui en fera même résoudre d'un peu longues, afin de lui faire mieux comprendre l'utilité du moyen abrégé employé dans la multiplication proprement dite, et de la nature de la multiplication qui n'est qu'une addition abrégée. Toutes les opérations de l'arithmétique sont des abréviations, et toute abréviation est une abstraction. Or, l'élève ne doit être conduit aux abstractions que par une pente insensible, autrement la confusion ne tarde pas à s'introduire dans son esprit. C'est surtout en arithmétique que ce précepte trouve une application de tous les instants.

En faisant l'application de ce qui précède dans l'enseignement du calcul, on épargnera un temps précieux aux élèves qui ne se trouveront nullement embarrassés dans toutes les opérations qui ont rapport à la multiplication.

Voici quelques exercices que les maîtres feront bien de varier, et auxquels il importe que les élèves répondent sans hésiter.

180. Que veut dire le mot *multiplication* ? — le mot *multiplier* ?

181. Qu'est-ce que *répéter un nombre* ?

182. La multiplication n'est-elle pas une *addition abrégée* de nombres égaux ? — Prouvez-le.

183. Qu'est-ce que le *multiplicande* ? — le *multiplicateur* ? — le *produit* ?

184. Quels sont les *facteurs* du produit

185. Quelle est la *nature du multiplicande?* — du *mul- tiplicateur* ?

186. De quelle *espèce* sont les unités du produit ?

187. Pourquoi sont-elles de *même nature* que les *unités* du *multiplicande* ?

188. Peut-on faire la multiplication au moyen de *l'addition* ?

189. Pourquoi n'emploie-t-on pas ce procédé ?

190. Qu'est-ce que la *table de Pythagore*?

191. Comment *forme-t-on* cette table ?

192. Comment *se sert-on* de cette table?

193. N'est-il pas *une autre table* de multiplication plus facile à comprendre? — Construisez la.

194. Combien la table de Pythagore contient-elle réellement de *produits*?

195. Voici ces produits dont il faut indiquer les *différents facteurs* :

$$4 - 6 - 8 - 9 - 10 - 12 - 14 - 15 -$$
$$16 - 18 - 20 - 21 - 24 - 25 - 27 - 28 - 30 -$$
$$32 - 35 - 36 - 40 - 42 -$$
$$45 - 48 - 49 - 54 - 56 - 63 - 64 - 72 - 81.$$

196. Que devient un *produit* quand on prend pour multiplicateur le multiplicande, et réciproquement?

197. Récitez, *en commençant par la fin*, la table de multiplication.

198. Un ouvrier intelligent et actif gagne 5 fr. par jour. — Combien gagne-t-il en 9 jours ?

199. Paul, pour avoir bien récité la table de multiplication, a reçu de son maître 7 bons points pendant 6 jours de suite. — Combien a-t-il reçu de bons points ?

200. *Un franc pèse cinq grammes.* — Quel est le poids d'une pièce de cinq francs.

ENTRETIEN XXVI.

Multiplication des nombres composés.

RÈGLE, EXEMPLE, DÉMONSTRATION.

Quelle que soit — mes amis — la quantité de chiffres dont un nombre se compose, la multiplication se fait toujours sur chaque chiffre séparément. La table de Pythagore suffit donc dans tous les cas.

Et en effet, supposons le cas le plus facile, celui où le multiplicande est un *nombre composé* et le multiplicateur un *nombre simple*.

Un ouvrier laborieux et intéressé a acheté une maison, il a 8 ans pour la payer ; chaque année il verse 365 francs qu'il économise sur son salaire : combien lui coûte sa maison ?

Il est clair qu'en écrivant, comme ci-contre, 8 fois le nombre 365, et en faisant l'addition, nous aurons le prix de la maison, qui est de 2920 francs. Mais cette opération est longue à faire ; la multiplication l'abrége, bien que la table de Pythagore ne donne pas le produit de 365 par 8. Il suffit, en effet, de répéter 365, 8 fois ; car, dans l'addition, nous avons réellement répété 8 fois les 5 unités, 8 fois les 6 dizaines et 8 fois les 3 centaines qui composent le multiplicande 365. Au moyen de cette décomposition du multiplicande en autant de nombres simples qu'il a d'ordres

Solution par l'addition.	
365	1 fois
365	2 —
365	3 —
365	4 —
365	5 —
365	6 —
365	7 —
365	8 —
2 920 fr. — Total.	

d'unités, nous pourrons donc facilement découvrir les produits partiels dont la somme exprimera le produit des facteurs 365 et 8. Ainsi, 3 centaines répétées 8 fois donnent 24 centaines, 6 dixaines répétées 8 fois donnent 48 dixaines et 5 unités répétées 8 fois donnent 40 unités ; additionnant, comme ci-dessous, ces trois produits partiels, nous aurons le produit total cherché.

SOLUTION PAR LA MULTIPLICATION.

```
40 — 1er produit partiel de 5 unités par 8
48. — 2e produit partiel de 6 dixaines par 8
24.. — 3e produit partiel de 3 cent. par 8
```

Somme des produits partiels { 2920f — Produit total de 365 francs par 8

Mais comme cette opération revient à prendre 8 fois chacune des parties du multiplicande, il suffit d'écrire une seule fois ce multiplicande sous les unités duquel on place le multiplicateur 8 ; on tire une barre sous ces deux nombres pour les séparer du produit qu'on écrit dessous, comme il suit :

Et l'on dit, en commençant par la droite : 8 fois cinq unités font 40 unités, mais dans 40 unités il y a 4 dixaines et 0 unité, je pose 0 sous les unités et je retiens les 4 dixaines pour

SOLUTION ABRÉGÉE.

Facteurs { 365f — Multiplicande.
{ × 8 — Multiplicateur.

2920f — Produit.

les ajouter au produit des dixaines ; — 8 fois 6 dixaines font 48 dixaines et 4 de retenue font 52 dixaines, ou 5 centaines et 2 dixaines, je pose 2 sous les dixaines du multiplicande et je retiens les 5 centaines pour les ajouter au produit des centaines ; — 8 fois 3 centaines font 24 centaines et 5 *de retenue font 29 centaines, ou 2 mille et 9 centaines, je pose 9 sous les centaines du multiplicande et à sa gauche j'écris les 2 mille, parce qu'il n'y a plus aucun chiffre à multiplier. — Le produit demandé est donc 2 920 francs.*

Mais dans la pratique, on dit simplement : 8 fois 5 font 40, je pose 0 et je retiens 4; — 8 fois 6 font 48 et 4 de retenue font 52, je pose 2 et je retiens 5; — 8 fois 3 font 24 et 5 font 29, je pose 29 (*)

La multiplication d'un nombre composé par un nombre composé n'est pas plus difficile à faire : on n'a jamais à multiplier que des nombres simples entre eux.

Donc, de ce qui précède, nous pouvons — **mes amis** — déduire la règle générale suivante :

71. — RÈGLE. — POUR MULTIPLIER UN NOMBRE COMPOSÉ PAR UN NOMBRE QUELCONQUE : — ON ÉCRIT *le multiplicateur sous le multiplicande, de manière que les unités de même ordre soient dans une même colonne verticale;* ON SOULIGNE *le tout;* ON MULTIPLIE *successivement* tout le multiplicande *par le chiffre ou par chacun des chiffres du multiplicateur : on obtient autant de produits partiels qu'il y a de chiffres significatifs au multiplicateur;* ON ÉCRIT *ces produits partiels de manière que le premier chiffre à droite de chaque produit soit dans la même colonne verticale que le chiffre du multi-*

___

(*) On peut simplifier encore ce langage, en se bornant à dire combien de fois on répète chaque chiffre du multiplicande sans prononcer le mot FONT ni les mots JE POSE; on indique seulement le *report* afin de ne pas l'oublier, car c'est de cette omission que viennent généralement les erreurs qui se commettent dans la multiplication. On dit : 8 *fois* 5 40, *report* 4 ; 8 *fois* 6, 48, 52, *report* 5 ; 8 *fois* 3, 24, 29.

plicateur qui l'a formé ; ON SOULIGNE *les produits partiels et on en fait la somme : cette somme est le* PRODUIT TOTAL. *– Si le multiplicateur ne contient qu'un chiffre, le premier produit partiel est lui-même le produit demandé.*

72. — **EXEMPLE.** — *Soit le nombre 5 386 à multiplier par 429.*

OPÉRATION.

Facteurs {
      5386 — *Multiplicande.*
  ×   429 — *Multiplicateur.*

1ᵉʳ prod. partiel 48474 — Tout le multiplicande × 9
2ᵉ prod. partiel 10772. — Tout le multiplicande × 20
3° prod. partiel 21544.. — Tout le multiplicande × 400

Somme des produits partiels, ou PRODUIT TOTAL, { 2310394 — Tout le multiplicande × 429

La disposition de cette opération fait aisément voir qu'il faut répéter le multiplicande 429 fois, c'est-à-dire 9 fois d'abord, puis 20 fois, enfin 400 fois, et additionner les trois produits partiels pour obtenir le produit total. Commençons donc par la multiplication par 9, en disant : *9 fois 6 font 54, je pose 4 et je retiens 5 ; — 9 fois 8 font 72 et 5 de retenue font 77, je pose 7 et je retiens 7 ; — 9 fois 3 font 27 et 7 de retenue font 34 ; je pose 4 et je retiens 3 ; — 9 fois 5 font 45 et 3 de retenue font 48, je pose 48 : j'obtiens ainsi 48 474 unités pour premier produit partiel.* — Multiplions maintenant tout le multiplicande par les 2 dixaines du multiplicateur qui valent 20 unités ; mais pour avoir plus facile, considérons ces deux dixaines comme exprimant 2 unités , nous aurons alors un produit qui sera dix fois trop faible, et pour lui rendre sa juste valeur il faudra que nous écrivions un 0 à sa droite ou que nous placions le premier chiffre de ce produit dans la colonne verticale des dixaines. Nous dirons donc : — *2 fois 6 font 12, je pose 2 au rang des dixaines et je retiens 1* ; — *2 fois 8 font 16 et 1 de retenue font 17, je pose 7 et je retiens 1* ; — *2 fois 3 font 6 et 1 de retenue font 7, je pose 7* ; — *2 fois 5 font 10, je pose 10* : — *j'obtiens ainsi 10772 dixaines ou 107720 unités pour deuxième produit partiel.* — Multiplions enfin tout le multiplicande par les 4 centaines du multiplicateur qui valent 400 unités ; mais pour n'avoir à faire qu'une multiplication de nombres simples, considérons ces 4 centaines comme exprimant 4 unités, nous aurons alors un produit qui sera cent fois trop petit, et pour lui rendre sa juste valeur, il faudra que nous écrivions deux zéros à sa droite ou que nous placions le premier chiffre de ce produit dans la colonne verticale des centaines. Nous dirons donc : — *4 fois 6 font 24, je pose 4 au rang des centaines et je retiens 2* ; — *4 fois 8 font 32 et 2 de retenue font 34, je pose 4 et je retiens 3* ; — *4 fois 3 font 12 et 3 de retenue font 15, je pose 5 et je retiens 1* ; — *4 fois 5 font 20 et 1 de retenue font 21, je pose 21* : — *J'obtiens ainsi 21544 centaines ou 2154400 unités pour troisième produit partiel.* — Faisant ensuite l'addition des trois produits partiels, *j'obtiens pour produit total 2 310 594 unités* ; car le multiplicande a été multiplié par tous les chiffres du multiplicateur, par conséquent la réunion des produits partiels doit donner le produit total.

Donc :

73. — **DÉMONSTRATION.** — EN OPÉRANT SUIVANT LA RÈGLE DE LA MULTIPLICATION, *on multiplie toutes les parties du multiplicande par toutes les parties du multiplicateur : ce qui donne le* PRODUIT.

C'est assez pour aujourd'hui. Retournez — **mes amis** — auprès de vos bons parents, et racontez-leur ce que cet entretien vous a appris ; ils seront agréablement surpris, et vous en aimeront davantage.

QUESTIONNAIRE.

71. — *Quelle est la règle générale de la multiplication ?*
72. — *Expliquez cette règle par un exemple ?*
73. — *Démontrez que cette règle donne le produit ?*

EXERCICES PRATIQUES. (*)

201. Faites les multiplications suivantes :

(1°)	9 182	(2°)	476	(3°)	123 456	(4°)	78
	73		853		789		4 695

(5°)	9 876	(6°)	31 627
	5 432		5 849

(7°)   468 379 $\times$ 512 =   (8°)   367 $\times$ 84 592 =

(*) Au moyen de ces exercices et de beaucoup d'autres semblables, les maitres s'assureront que leurs élèves ont bien compris la multiplication des nombres composés, et qu'ils possèdent bien la table de Pythagore qu'on ne saurait pousser trop loin, les élèves y trouvant une grande facilité dans les opérations mentales. La table de multiplication, vulgairement nommée *grand livret*, nous parait devoir être d'un puissant secours dans le calcul de tête, aussi l'expérience que nous en avons faite nous autorise à recommander instamment aux maîtres de la placarder dans la classe, afin que les élèves en aient constamment les produits sous les yeux : elle peut être utilement donnée à copier aux élèves qui savent écrire et qui méritent une punition.

Les observations que nous avions à faire sur la multiplication, ne nous ont pas permis de donner ici les indications relatives au calcul mental; elles sont reportées à la suite de l'Entretien XXVIII.

ENTRETIEN XXVII.

Multiplication des nombres composés *(Suite)*.

USAGES ET PREUVE.

Les *usages de la multiplication* sont aussi nombreux que variés; ils s'appliquent à une infinité de questions utiles dans le commerce, dans l'industrie et dans les sciences.

74. — USAGES. — Voici les principaux usages de la multiplication :

1° LA MULTIPLICATION SERT *à rendre un nombre quelconque un nombre donné de fois aussi grand.*

Ex. — Rendre le nombre 4 trois fois aussi grand :

$$4 \times 3 = 12.$$

2. — LA MULTIPLICATION SERT *à trouver le prix de plusieurs choses, lorsqu'on connaît le prix d'une de ces choses.*

Ex. — On demande le prix d'une pièce de drap de 75 mètres, sachant que le prix d'un mètre est de 26 francs :

$$26 \times 75 = 1\ 950 \text{ francs.}$$

3. — LA MULTIPLICATION SERT *à convertir les unités d'espèces supérieures en unités d'espèces inférieures.*

Ex. — Combien y a-t-il d'heures dans une semaine :

$$24 \times 7 = 168 \text{ heures.}$$

4. — LA MULTIPLICATION SERT *à former les puissances des nombres.* (*)

Ex. — Former la troisième puissance du nombres 2 :

$$2 \times 2 \times 2 = 8.$$

5. — LA MULTIPLICATION SERT *à trouver les surfaces et les volumes des corps dont les dimensions sont connues.* (**)

Ex. — Trouver la surface d'un plancher dont la longueur est de 8 mètres et la largeur de 6 mètres :

$$8 \times 6 = 48 \text{ mètres carrés.}$$

Ex. — Trouver le volume d'un tas de pierre qui a 2 mètres en longueur, largeur et hautenr.

$$2 \times 2 \times 2 = 8 \text{ mètres cubes.}$$

J'arrive à la preuve de la multiplication.

Il y a aussi — **mes amis** — plusieurs manières de faire la preuve de la multiplication. La plus simple consiste à recommencer l'opération après avoir mis le multiplicande à la place du multiplicateur. Cette seconde opération fournit des produits partiels diffé-

____

(*) On appelle *puissance* d'un nombre le produit de ce nombre multiplié nne ou plusieurs fois par lui-même.

La *deuxième puissance* d'an nombre se nomme CARRÉ.

La *troisième puissance* d'un nombre se nomme CUBE

Los produits de la table de Pythagore sont les *carrés* des neuf premiers nombres ; ces produits multipliés par les neuf premiers nombres en sont les *cubes.*

(**) On entend par SURFACE ce qui réunit deux dimensions, la *longueur* et la *largeur* ; et on entend par VOLUME ce qui réunit les trois dimensions, la *longueur*, la *largeur* et l'*épaisseur.* — Les surfaces s'obtiennent en multipliant la longueur par la largeur ; et les volumes, en multipliant la longueur par la largeur, et le produit par l'épaisseur. (On remplace quelquefois le mot *épaisseur* par les mots *hauteur* ou *profondeur.*)

rents de ceux obtenus dans la première ; si donc le total de ces nouveaux produits est le même que le produit total primitivement trouvé, il est probable que cette opération est exacte. Cette preuve de la multiplication est fondée sur ce principe que vous a démontré la table de Pythagore : — *On ne change pas le produit en changeant l'ordre des facteurs.* (*)

EXEMPLE :

MULTIPLICATION.		PREUVE.

Multiplicande **365** ⎰ Facteurs ⎱ 4 2 7 Multiplicateur.
Multiplicateur 4 2 7 ⎰ ⎱ **365** *Multiplicande.*

$$365 \times 7 = 2555 \qquad 2135 \qquad 427 \times 5$$
$$365 \times 20 = 730. \qquad 2562. \qquad 427 \times 60$$
$$365 \times 400 = 1460.. \qquad 1281.. \qquad 427 \times 300$$

$$365 \times 427 = 155855 \qquad = \qquad 155855 = 427 \times 365$$

Donc :

75. — **PREUVE.** — POUR FAIRE LA PREUVE DE LA MULTIPLICATION : — ON MULTIPLIE *le multiplicateur par le multiplicande et l'on doit trouver le même produit, puisque* LE PRODUIT DE DEUX NOMBRES NE CHANGE PAS QUAND ON CHANGE L'ORDRE DES FACTEURS.

La preuve de la multiplication par la division est quelquefois plus expéditive et souvent plus sûre ; je

---

(*) Les élèves qui ne possèdent pas bien la table de Pythagore, prennent souvent la mauvaise habitude d'intervertir l'ordre des facteurs ; ainsi dans la multiplication de 6 par 9, ils diront 6 fois 9 au lieu de 9 fois 6 : la preuve par la multiplication n'offre plus alors aucun moyen de vérification.

vous l'enseignerai plus tard , ainsi que la *preuve par 9* qui est fort ingénieuse.

QUESTIONNAIRE.

74. — *Indiquez les principaux usages de la multiplica-tion.*

75. — *Comment fait-on la preuve de la multiplication par la multiplication ?*

EXERCICES PRATIQUES.

202. Faites la preuve de toutes les multiplications qui précèdent.

ENTRETIEN XXVIII.

Observations sur la Multiplication.

Je vais terminer ce que j'avais à vous dire sur la multiplication , par quelques *observations* que je re-commande tout spécialement à votre attention.

I.

De la *définition* de la multiplication , il résulte que :

1° — Si le multiplicateur est 0, le produit est aussi *zéro* ;

2° — Si le multiplicateur est 1, le produit est *égal* au multiplicande;

3° — Si le multiplicateur est 2, le produit est *double* du multiplicande ;

4° — Si le multiplicateur est 3, le produit est *triple* du multiplicande ;

5° — Si le multiplicateur est 4, le produit est *quadruple* du multiplicande ;

6° — Si le multiplicande, ou le multiplicateur, devient un certain nombre de fois *plus grand* ou *plus petit*, le produit devient le même nombre de fois *plus grand* ou *plus petit*.

7*

II.

Multiplier un nombre par 2, par 3, par 4, etc., c'est donc le *doubler*, le *tripler*, le *quadrupler*, etc.. c'est-à-dire le rendre 2, 3, 4, etc. fois *plus grand* ; de même multiplier un nombre par 10, par 100, etc., c'est le *décupler*, le *centupler*, etc. , c'est-à-dire le rendre 10, 100, etc. fois *plus grand* : or vous vous souvenez — ᴇᴛᴅᴇꜱ ᴄᴀʀʀᴇ́ꜱ — que pour rendre un nombre entier 10, 100, 1 000, etc. fois plus grand, il suffit d'écrire un, deux, trois, etc. zéros à la droite de ce nombre.

Donc :

Pour multiplier un nombre entier quelconque par l'unité suivie de un ou plusieurs zéros, on écrit à la droite de ce nombre autant de zéros qu'il y en a à la suite de l'unité.

Cette règle résulte, en effet, du principe de numération rappelé ci-dessus.

III.

Il se présente, dans la multiplication des nombres entiers, divers cas de simplification qu'il est utile que vous connaissiez pour les appliquer à l'occasion. — Voici les principaux :

1° — *Lorsque l'un des facteurs, ou tous les deux, sont terminés par des zéros, on fait la multiplication comme si ces zéros n'existaient pas et on les écrit ensuite à la droite du produit.*

Ex. — Soit le nombre 4 200 à multiplier par 360,

On a : $42^c \times 36^d = 1\ 512^m = 1\ 512\ 000$

En effet : — En supprimant *deux zéros* à la droite du multiplicande, on le rend *100 fois plus petit* ; le produit est de même rendu *100 fois plus petit :* pour le ramener à sa juste valeur, il faut donc le rendre *100 fois plus grand* en écrivant *deux zéros* à sa droite. En supprimant *un zéro* à la droite du multiplicateur, on le rend 10 *fois plus petit* ; le produit est de même rendu 10 *fois plus petit* : pour le ramener à sa juste valeur, il faut donc le rendre 10 *fois plus grand* en écrivant *un zéro* à sa droite. — Il faut donc écrire à la droite du produit *deux zéros* plus *un zéro*, en tout TROIS ZÉROS : nombre égal aux zéros supprimés à la droite des deux facteurs.

2. — *Lorsqu'il y a un ou plusieurs zéros entre les chiffres significatifs du multiplicateur, on fait la multiplication comme si les zéros n'existaient pas, en ayant soin d'écrire toujours le premier chiffre des produits partiels sous le chiffre par lequel on multiplie.*

Ex. — Soit le nombre 7 556 à multiplier par 4 008.

OPÉRATION.	SIMPLIFICATION.
7556 Multiplicande.	7556 Multiplicande.
4008 Multiplicateur.	4008 Multiplicateur.
60288 $=$ 7556 $\times$ 8	60288 $=$ 7556 $\times$ ..8
0000. $=$ 7556 $\times$ 0.	30144... $=$ 7556 $\times$ 4000
0000.. $=$ 7556 $\times$ 0..	
30144... $=$ 7556 $\times$ 4000	30204288 $=$ 7556 $\times$ 4008
30204288 $=$ 7556 $\times$ 4008	

L'opération suivant la règle de la multiplication donne quatre produits partiels, la simplification n'en fournit que deux ; il y a donc avantage à employer la méthode abrégée.

De ce qui précède il résulte que, *dans une multiplication, il y a autant de produits partiels qu'il y a de chiffres significatifs au multiplicateur.*

3. — *Lorsqu'il y a moins de chiffres significatifs dans un facteur que dans l'autre, on prend le plus simple pour multiplicateur, puisque le produit ne change pas quand on intervertit l'ordre des facteurs.*

Ex. — On demande combien 8675 mètres coûteront à 25 francs le mètre ?

OPÉRATION.		SIMPLIFICATION.	
25ᶠ	Multiplicande.	8675	Multiplicateur,
8675	Multiplicateur.	25ᶠ	Multiplicande.
125	1ᵉʳ prod. partiel.	43375	1ᵉʳ prod. partiel.
175.	2ᵉ prod. partiel.	17350.	2ᵉ prod. partiel.
150..	3ᵉ prod. partiel.	216875 francs.	
200...	4ᵉ prod. partiel.		
216875 francs.			

L'opération suivant l'ordre naturel donne quatre produits partiels, la simplification n'en fournit que deux ; il y a donc aussi avantage à employer la méthode abrégée.

Mais toujours *le produit exprime des unités de même espèce que le multiplicande primitif.*

IV.

Lorsqu'il y a un ou plusieurs zéros entre les chiffres significatifs du multiplicande, on pose 0 au produit partiel, à moins que la multiplication du chiffre qui précède le zéro ne donne une retenue que l'on écrit alors à la place du zéro.

Telles sont les multiplications suivantes :

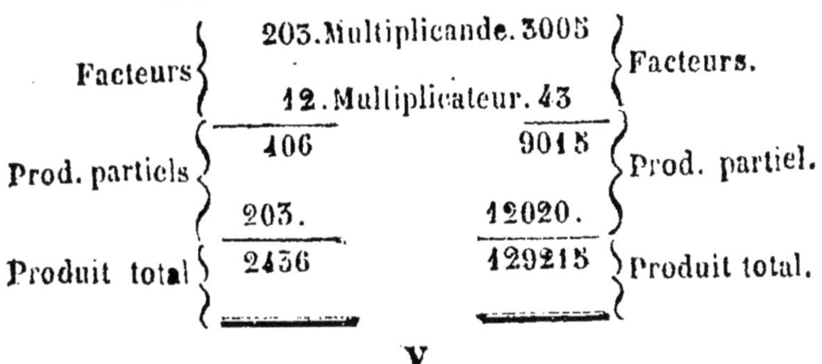

V.

La multiplication n'étant qu'une addition abrégée, vous comprenez — **mes amis** — que les mêmes motifs qui ont déterminé à commencer l'addition par la droite ont aussi conduit à opérer semblablement pour la multiplication. Si donc les produits des chiffres du multiplicande par chacun des chiffres du multiplicateur ne surpassaient jamais 9, vous pourriez indifféremment commencer la multiplication par la *droite* ou par la *gauche;* mais le contraire arrive généralement, comme dans l'addition. On a presque toujours des unités de report à ajouter aux produits qui viennent à gauche, qu'il faudrait alors changer si déjà ils étaient effectués : — c'est pour éviter inconvénient, qu'il faut commencer la multiplication par la droite.

En RÉSUMÉ : — On commence la multiplication par la droite, afin de pouvoir, lorsque le produit d'un rang égale ou surpasse 10, reporter les dixaines dans le rang suivant , ce qui ne pourrait directement se faire, si l'on commençait l'opération par la gauche.

Vous pouvez néanmoins — **mes amis** — commencer la multiplication par la gauche, ou par tel chiffre du multiplicateur que vous voudrez, pourvu

que vous placiez toujours à son rang le premier chiffre
du produit partiel que vous formez. Mais en opérant
de gauche à droite, les produits partiels sont avancés
successivement d'un rang vers la droite, comme ils le
sont vers la gauche dans l'opération ordinaire.

Opération par la droite   Opération par la gauche.

              455   455
                6   6
              ─────   ─────
Produit
unique.   2718   1er prod   partiel 24.. == 400 × 6
                              2e prod. partiel.. 0. == 50 × 6
                              3e prod. partiel.. 18 ==   3 × 6
                                                 ─────────────────
                              Produit total..2718 == 453 × 6

L'opération par la gauche est plus longue, comme
vous le voyez ; mais la disposition des produits partiels
fait mieux comprendre *pourquoi on commence la division par la gauche.*

VI.

Quand on a à multiplier un nombre par le produit de
plusieurs autres, on peut multiplier successivement d'abord
ce nombre par l'un des facteurs du produit, puis le résultat
par le second facteur, et ainsi de suite.

Soit le nombre 365 à multiplier par 15, qui est le
produit des facteurs 3 et 5.

          Multiplication   Multiplication
          par le produit.   par les facteurs.

                365   365
                 15   3
               ─────   ─────
               1825   1095
                365   5
               ─────   ─────
               5475   ==   5475

La raison en est simple, et vous la comprendrez
sans effort : — Multiplier 365 par 3 au lieu de 15,
c'est multiplier par un nombre 5 *fois trop petit*; le
produit est lui-même 5 *fois trop petit* : il faut donc le
rendre 5 *fois plus grand*, en le multipliant par 5. En
effet, les produits sont *égaux*.

VII.

Vous rencontrerez quelques fois, dans les livres de
calcul, les mots *multiple* et *sous-multiple* ; voici ce que
signifie ces expressions numériques :

On appelle MULTIPLE d'un nombre le *produit* de ce nombre multiplié par un nombre entier quelconque.

On appelle SOUS-MULTIPLE d'un nombre *un second nombre*
qui, multiplié par un nombre entier quelconque, reproduit
le premier.

Ainsi, 15 est multiple de 5 et de 3, parce que $5 \times 3 =$
15; 3 et 5 sont les sous-multiples de 15, parce qu'ils en sont
les facteurs.

QUESTIONNAIRE.

*Que résulte-t-il de la définition de la multiplication ? —
Qu'est-ce que doubler, tripler, quadrupler, décupler, centupler
un nombre ? — Comment multiplier un nombre entier
par l'unité suivie de zéros ? — Quels sont les cas de simplification de la multiplication ? — Comment se fait la
multiplication quand il y a un ou plusieurs zéros entre
les chiffres significatifs du multiplicande ? — Pourquoi commence-t-on la multiplication par la droite ? — Ne pourrait-
on-pas commencer la multiplication par la gauche ou par
l'un quelconque des chiffres du multiplicateur ? — Peut-on
indifféremment multiplier un nombre par un produit ou par
les facteurs de ce produit ? — Qu'appelle-t-on multiple ? —
Qu'appelle-t-on sous-multiple ?*

EXERCICES PRATIQUES.

La *multiplication mentale* des neuf premiers nombres suivis de zéros ne présente aucune difficulté, si l'on se rappelle les propriétés du zéro et le principe que nous avons exposé ci-dessus. Il suffit, en effet, de bien savoir par cœur la *table de Pythagore*, et de se rappeler que *des dixaines multipliées par des unités produisent des* DIXAINES ; *que des dixaines multip'iées par des dixaines produisent des* CENTAINES ; *que des dixaines multipliées par des centaines produisent des* MILLE ; *que des centaines multipliées par des centaines produisent des* DIXAINES DE MILLE, etc.

Mais dans la pratique, on a plus souvent à multiplier des nombres composés de chiffres significatifs. Voici quelques règles applicables aux calculs qui sont les plus utiles dans les besoins de la vie.

1° — *Si l'un des facteurs est composé de dixaines et d'unités, on multiplie d'abord les dixaines, et au produit on ajoute celui des unités.*

Ex. — Soit à multiplier 25 par 6.

<table>
<tr><td>OPÉRATION MENTALE.</td><td>PREUVE.</td></tr>
<tr><td>2 dixaines multipliées par 6 unités égalent 12 dixaines, ou 120 unités ; 5 unités multipliées par 6 unités égalent 30 unités : or 120 et 30 font 150 unités, produit cherché.</td><td>20 × 6 = 120
5 × 6 = 30
―――――
25 × 6 = 150</td></tr>
</table>

2° — *Si l'un des facteurs est composé de centaines, de dixaines et d'unités, on multiplie d'abord les centaines, au produit on ajoute celui des dixaines, et à la somme de ces deux produits on ajoute celui des unités.*

Ex. — Soit à multiplier 365 par 7.

OPERATION MENTALE.	*PREUVE.*
3 centaines multipliées par 7 unités égalent 21 centaines, ou 210 dixaines ; 6 dixaines multipliées par 7 unités égalent 42 dixaines : or 210 dixaines et 42 font 252 dixaines, ou 2520 unités ; 5	$500 \times 7 = 2100$ $60 \times 7 = 420$ $5 \times 7 = 35$ ――――― $565 \times 7 = 2555$

unités multipliées par 7 unités, égalent 35 unités : donc 2520 unités et 35 font 2555 unités, produit cherché.

En général :

3° — *Si l'un des facteurs contient plus de trois chiffres significatifs, on multiplie d'abord les plus hautes unités, puis successivement les unités qui viennent après, et on ajoute les produits partiels.*

La disposition des chiffres, dans la multiplication ci-dessous, indique suffisamment la manière d'appliquer mentalement cette règle:

Ex. — Soit à multiplier 4567 par 8.

MULTIPLICATIONS partielles.	PRODUITS partiels.
$4000 \times 8 =$	32000
$.500 \times 8 =$	$.4000$
$..60 \times 8 =$	$..480$
$...7 \times 8 =$	$...56$
$4567 \times 8 =$	36536

4° — *Si les deux facteurs contiennent plusieurs chiffres significatifs, on multiplie tout le multiplicande, en commençant toujours par les plus hautes unités, d'abord par les unités supérieures du multiplicateur, puis successivement par les unités inférieures et on ajoute les produits partiels.*

8

Ex. — Soit à multiplier 842 par 96.

OPÉRATION MENTALE.

Avant d'appliquer la règle ci-dessus , je remarque que multiplier 842 par 9 dixaines ou 90 unités , revient à multiplier d'abord par 10 , puis le produit par 9 unités ; la question est donc réduite à celle-ci : multiplier 8420 par 9 , ce qui s'effectue au moyen de la règle n° 3 ci-dessus et ce qui donne 75780 unités pour premier produit partiel. Il reste à multiplier par le même procédé 842 par 6 unités , ce qui donne 5052 unités pour second produit partiel. — La somme de ces deux produits donne le produit total qui est de 80832.

PREUVE.

$$
\begin{array}{l}
\text{Tout le multiplicande par les dixaines du multiplicateur.}
\left\{
\begin{array}{c c u l l}
8.. & \times 90 = 8000 \times 9 = 72000 \\
4. & \times 90 = 400 \times 9 = 3600 \\
2 & \times 90 = 20 \times 9 = 180
\end{array}
\right\} 75780 \\[2em]
\text{Tout le multiplicande par les unités du multiplicateur.}
\left\{
\begin{array}{c c u l l}
8.. & \times 6 = 800 \times 6 = 4800 \\
4. & \times 6 = 40 \times 6 = 240 \\
2 & \times 6 = 2 \times 6 = 12
\end{array}
\right\} 5052
\end{array}
\Bigg\} 80832
$$

Cette opération est fort longue et très-fatiguante pour la mémoire du calculateur mental, qui n'en a pas la pratique. Mais on a rarement, dans les usages ordinaires de la vie , de tels calculs à faire ; car les multiplications que nécessitent les besoins du commerce, n'ont le plus souvent que 2 ou 3 chiffres au multiplicande et 1 ou 2 chiffres au multiplicateur : opérations qui ne présentent alors aucune difficulté.

Nous avons vu que l'on multiplie par un produit , quand on multiplie d'abord par un facteur , puis le résultat obtenu par l'autre facteur. De là les règles suivantes :

5° — *Si le multiplicateur égale le produit de deux facteurs simples , on multiplie d'abord le multiplicande par l'un des facteurs et le produit par l'autre facteur.*

Ex. — Soit à multiplier 87 par 21.

21 est multiple de 7 et de 3. On a donc 87 $\times$ 7 = 609 , et 609 $\times$ 3 = 1827.

6° — *Si le multiplicateur a beaucoup de facteurs, on choisit les plus simples et l'on forme autant de produits consécutifs qu'il y a de facteurs.*

Ex. — Soit à multiplier 56 par 32.

32 a pour sous-multiple 2 pris cinq fois. On a donc 56 $\times$ 2 = 112 , 112 $\times$ 2 = 224 , 224 $\times$ 2 = 448 , 448 $\times$ 2 = 896 , et 896 $\times$ 2 = 1792 : opération facile , puisqu'il ne s'agit que de *doubler* les produits consécutifs. (*)

Il importe donc que les élèves sachent par cœur les multiples et les sous-multiples des nombres qui se présentent dans les calculs; on ne saurait trop les leur rendre familiers, au moyen d'exercices de la nature de celui-ci :

203. Indiquez tous les facteurs ou sous-multiples de la table de Pythagore.

204. Un ouvrier, pour récompense de sa bonne conduite, reçoit 10 fr. tous les mois. — Quel est le montant de sa récompense par an ?

205. Une pièce de 5 francs pesant 25 grammes, combien pèseront 20 pièces ou 100 fr ?

206. Une vache donne 4 litres de lait par jour. — Combien en fournit-elle de litres par semaine, par mois et par an ?

207. Un enfant économe met chaque mois 12 francs dans son épargne. — Combien aura-t-il épargné au bout de l'année ?

208. Un ouvrier laborieux casse 2 mètres cubes de pierre par jour à raison de 1 fr. le mètre. — Quelle somme reçoit-il par semaine, le dimanche réservé ?

(*) La multiplication par le facteur 2 est d'un grand secours dans les calculs de tête ; il suffit, pour éviter toute erreur , de bien compter sur ses doigts le nombre de fois que l'on doit *doubler*.

209. La façade d'un bâtiment est percée de 14 fenêtres d'égale grandeur, et chacune a 8 carreaux. — Combien faut-il de carreaux pour vitrer ces fenêtres ?

210. Un jour a 24 heures. — Combien y a-t-il d'heures dans une semaine ?

211. Une heure vaut 60 minutes. — Combien y a-t-il de minutes dans un jour ?

212. Une minute vaut 60 secondes. — Combien y a-t-il de secondes dans une heure ?

213. Combien un maréchal emploiera-t-il de clous pour ferrer 5 chevaux, s'il en met 8 à chaque fer ?

214. Un tonnelier cercle 10 tonneaux par jour. — Combien en cerclera-t-il en 4 semaines, sans travailler le dimanche ?

215. Une main de papier a 25 feuilles, et 20 mains font une rame. — Combien y a-t-il de feuilles dans une rame ?

216. Combien y a-t-il d'heures dans l'année commune qui est de 365 jours ?

217. Quel serait le nombre de jours de l'année, si chaque mois était de 30 jours ?

218. Frédéric, pour avoir mal fait ses devoirs, est condamné à écrire 7 pages de 38 lignes. — Combien de lignes a-t-il à copier ?

219. Un père dit à son fils curieux de savoir son âge : Tu as 13 ans et si tu avais 7 ans de plus, j'aurais 3 fois ton âge. — Quel est mon âge ?

220. Il y a dans une écurie 10 vaches laitières : le produit en beurre d'une vache est en moyenne de 215 grammes par jour. — Combien de grammes de beurre produisent-elles par semaine ?

221. Il y a 22 rangées d'arbres dans un verger, et chaque rangée est de 15 arbres. Paul prétend que le total des

arbres est de 320 , et Pierre soutient qu'il est réellement de 330. — Qui a raison des deux calculateurs.

222. Un fabricant de chaises en a 12 douzaines en magasin, et chaque chaise vaut 3 fr. — S'il les vendait toutes, quelle somme recevrait-il ?

223. Un entrepreneur de route emploie 35 ouvriers qu'il paie à raison de 2 fr. par jour, il les occupe 6 semaines. — Combien débourse-t-il , le dimanche étant jour de repos ?

224. Un père promet à son fils une montre en argent, s'il peut lui dire combien l'aiguille des minutes, qui fait 24 fois le tour du cadran de minuit à minuit, fera de tour en un an?

225. La course journalière d'un piéton, aller et retour, est en moyenne de 15,000 mètres. — Combien de mètres parcourt-il par an ?

226. Un domestique , d'une conduite exemplaire , prélève sur ses gages, depuis 9 ans, une somme de 250 fr. destinés à la nourriture et à l'entretien de son vieux père. — Quelle somme a-t-il déjà consacré à ce filial devoir

227. Un marchand de bois fait débiter 75 poutres de même dimension. — Combien aura-t-il de planches, si chaque poutre en fournit 11 ?

228. Un chef d'atelier a 150 ouvriers qu'il paie tous les 15 jours, à raison de 2 fr. par jour. — Quelle est la dépense de la quinzaine ?

229. Le grain de blé que l'on sème en produit 24 en moyenne. — Quelle serait la récolte de 3500 grains ?

230. Quel est le nombre 50 fois plus grand que 306 ?

231. On veut additionner 54 nombres égaux à 567. — Quelle sera la somme ?

232. Trouver, par la multiplication , la somme des trois nombres consécutifs 345, 346 et 347.

II.
RÉSUMÉS THÉORIQUES.

ADDITION ET MULTIPLICATION.

Composition des membres.

XVI.

50. — La DÉFINITION d'une opération est une explication qui fait connaître le but de l'opération et le résultat qu'elle doit donner.

51. — La RÈGLE d'une opération est un exposé qui indique la manière la plus simple et la plus prompte d'exécuter l'opération.

52. — L'EXEMPLE est l'application et l'explication de la règle.

53. — La DÉMONSTRATION est un raisonnement qui fait voir que la règle est conforme à la définition, c'est-à-dire qu'elle doit conduire au résultat que l'on demande.

54. — L'USAGE est l'application pratique, utile, de la règle.

55. — La PREUVE d'une opération est une seconde opération qui fait connaître si la première opération a été bien faite.

XVII.

56. — Un PROBLÈME est une question que l'on propose de résoudre et qui demande une réponse.

57. — RÉSOUDRE UN PROBLÈME c'est donner la solution, ou faire la réponse demandée.

58. — La SOLUTION D'UN PROBLÈME est la suite des raisonnements et des opérations que l'on fait pour arriver au résultat demandé.

XVIII.

59. — LES PRINCIPAUX SIGNES EMPLOYÉS EN ARITHMÉTIQUE

sont les suivants : +, plus : × ou ., multiplié par ; —, moins ; : ou $\frac{1}{2}$, divisé par ; ==, égale ; ▷, plus grand que ; ◁, plus petit que.

XIX.

60. — DÉFINITION. — L'ADDITION est une opération par laquelle on réunit plusieurs nombres de la même espèce, pour n'en former qu'un seul nombre que l'on appelle somme ou total.

61. — ON NE PEUT AJOUTER ENSEMBLE que des nombres de même espèce.

62. — L'ADDITION DES NOMBRES SIMPLES se fait de mémoire, au moyen de la table d'addition.

XX.

63. — RÈGLE — POUR FAIRE L'ADDITION DES NOMBRES ENTIERS COMPOSÉS : — on écrit tous les nombres à additionner les uns sous les autres, en plaçant les unités de même ordre dans une même colonne verticale ; on souligne le tout ; on fait successivement la somme de chaque colonne, en commençant par la droite : si la somme d'une même colonne ne surpasse pas 9, on l'écrit telle qu'on la trouve ; si une somme surpasse 9, c'est qu'elle contient des unités et des dixaines : on écrit seulement les unités sous la colonne que l'on vient d'additionner, et l'on retient les dixaines pour les ajouter, comme unités simples, à la colonne suivante à gauche ; on continue ainsi jusqu'à la dernière colonne, en écrivant la somme telle qu'on la trouve. Le nombre placé sous le trait est la somme cherchée.

XXI.

64. — EXEMPLE. — SOIENT A ADDITIONNER LES NOMBRES SUIVANTS : 86 437, 5 209, 61 780 et 97 642.

65. — DÉMONSTRATION. — EN OPÉRANT SUIVANT LA RÈGLE DE L'ADDITION, on réunit toutes les parties des nombres proposés ; ce qui donne leur *somme*.

XXII.

66. USAGES — L'ADDITION S'EMPLOIE :

1° Pour obtenir la somme ou le total de plusieurs nombres de même espèce ;

2° Pour augmenter un nombre d'un ou plusieurs nombres donnés de même espèce ;

3° Pour faire la preuve de la soustraction.

67. — PREUVE. — POUR FAIRE LA PREUVE DE L'ADDITION : — On commence par la droite ; on additionne de nouveau les chiffres de chaque colonne de bas en haut, si on les a d'abord additionnés de haut en bas : si les totaux sont les mêmes, il est probable que l'opération est exacte.

XXIII.

68. — DÉFINITION. — LA MULTIPLICATION DES NOMBRES ENTIERS est une opération par laquelle on répète un nombre appelé multiplicande, autant de fois qu'il y a d'unités dans un autre nombre appelé multiplicateur. — Le résultat de la multiplication se nomme produit.

69. — On peut, sans changer le produit, INTERVERTIR l'ordre des facteurs.

70. — LA MULTIPLICATION DES NOMBRES SIMPLES se fait de mémoire, au moyen de la table de Pythagore.

XXIV.

71. — RÈGLE. — POUR MULTIPLIER UN NOMBRE COMPOSÉ PAR UN NOMBRE QUELCONQUE : — On écrit le multiplicateur sous le multiplicande, de manière que les unités de même ordre soient dans une même colonne verticale ; on souligne le tout ; on multiplie successivement tout le multiplicande par le chiffre ou par chacun des chiffres du multiplicateur : on obtient autant de produits partiels qu'il y a de chiffres significatifs au multiplicateur ; on écrit ces produits partiels de manière que le premier chiffre à droite de chaque produit soit dans la même colonne verticale que le chiffre du multiplicateur qui l'a formé ; on souligne les produits partiels et on en fait la somme : cette somme est le produit total.

— Si le multiplicateur ne contient qu'un chiffre, le premier produit partiel est lui-même le produit demandé.

XXV.

72. — EXEMPLE. — SOIT LE NOMBRE 5 386 A MULTIPLIER PAR 429.

73. — DÉMONSTRATION. — EN OPÉRANT SUIVANT LA RÈGLE DE LA MULTIPLICATION, on multiplie toutes les parties du multiplicande par toutes les parties du multiplicateur : ce qui donne le *produit.*

XXVI.

74. — USAGES. — VOICI LES PRINCIPAUX USAGES DE LA MULTIPLICATION :

1° LA MULTIPLICATION SERT *à rendre un nombre quelconque un nombre donné de fois aussi grand.*

2° LA MULTIPLICATION SERT *à trouver le prix de plusieurs choses, lorsqu'on connaît le prix d'une de ces choses.*

3° LA MULTIPLICATION SERT *à convertir les unités d'espèces supérieures en unités d'espèces inférieures.*

4° LA MULTIPLICATION SERT *à former les puissances des nombres.*

5° LA MULTIPLICATION SERT *à trouver les surfaces et les volumes des corps dont les dimensions sont connues.*

6. LA MULTIPDICATION SERT *à faire la preuve de la division.*

75. — PREUVE. — POUR FAIRE LA PREUVE DE LA MULTI-PLICATION : — On multiplie le multiplicateur par le multiplicande et l'on doit trouver le même produit, puisque le produit de deux nombres ne change pas quand on change l'ordre des facteurs.

SOUSTRACTION.

ENTRETIEN XXIX.

Soustraction des nombres entiers.

DÉFINITION, RÈGLE, EXEMPLE, DÉMONSTRATION,
USAGES, PREUVE.

Le mot SOUSTRACTION veut dire *diminution*, *décomposition*, *retranchement*: c'est le contraire de l'addition.

SOUSTRAIRE, c'est donc *diminuer*, *décomposer*, *retrancher*, *ôter*: c'est *trouver la différence* de deux nombres de même espèce. Or, la différence entre deux nombres entiers peut s'obtenir de deux manières : — Soit en ÔTANT du *plus grand nombre* appelé *nombre supérieur*, toutes les unités du *plus petit* appelé *nombre inférieur* ; — Soit en AJOUTANT au plus petit nombre ce qui lui manque pour égaler le plus grand. Considérée sous ce dernier rapport, la SOUSTRACTION *est une sorte d'addition* ; et comme la division n'est elle-même qu'une soustraction abrégée, il résulte qu'il n'y a, en réalité, qu'*une seule opération* en arithmétique : l'ADDITION.

Je vous ai dit — **mes amis** — que deux nombres sont *égaux*, lorsqu'ils ont autant d'unités l'un que l'autre ; et *inégaux*, lorsqu'il y a plus d'unités dans l'un que dans l'autre. Ainsi :

$$5 = 5 \; ; \; 8 > 4 \; ; \; 4 < 8.$$

Il y a donc *une différence* entre les nombres 4 et 8.

La SOUSTRACTION *a pour but de faire connaître cette différence* que l'on trouve en disposant l'opération de cette manière :

Nombre supérieur...8 = 11111111 Nombre plus grand.
Nombre inférieur..4 = 1111.... Nombre plus petit.

Différence........4 = ...1111 Reste ou Excès.. (*)

Donc :

76. — DÉFINITION.— *La* SOUSTRACTION *est une opération par laquelle on* RETRANCHE *un nombre d'un plus grand de la* MÊME ESPÈCE. *— Le résultat de l'opération se nomme* RESTE , EXCÈS *ou* DIFFÉRENCE.

L'exemple qui précède vous démontre — **mes amis** — qu'on peut soustraire un nombre d'un autre en ôtant du plus grand, *successivement et une à une*, toutes les unités contenues dans le plus petit ; mais cette opération serait presqu'impraticable à cause de sa longueur, si le nombre à retrancher était considérable. On a donc dû rechercher une méthode de calcul plus abrégée et moins fastidieuse ; mais elle suppose la connaissance parfaite de la *Table de soustraction*, ou au moins celle de l'addition appliquée à cette opération.

____

(*) Les expressions *Reste* , *Excès* ou *Différence* conviennent au résultat de la Soustraction : Le mot *Reste* indique le résultat obtenu en retranchant un nombre d'un autre , c'est-à-dire ce qui reste après l'opération : — le mot *Excès* qu'on emploie plus rarement , indique de combien le plus grand nombre surpasse ou excède le plus petit ; — enfin le mot *Différence* indique de combien deux nombres diffèrent entre eux.

de 2 ôtez 1 reste 1	de 5 ôtez 4 reste 1	de 8 ôtez 7 reste 1
ou	ou	ou
2 — 1 = 1	5 — 4 = 1	8 — 7 = 1
3 — 1 = 2	6 — 4 = 2	9 — 7 = 2
4 — 1 = 3	7 — 4 = 3	10 — 7 = 3
5 — 1 = 4	8 — 4 = 4	11 — 7 = 4
6 — 1 = 5	9 — 4 = 5	12 — 7 = 5
7 — 1 = 6	10 — 4 = 6	13 — 7 = 6
8 — 1 = 7	11 — 4 = 7	14 — 7 = 7
9 — 1 = 8	12 — 4 = 8	15 — 7 = 8
10 — 1 = 9	13 — 4 = 9	16 — 7 = 9

de 3 ôtez 2 reste 1	de 6 ôtez 5 reste 1	de 9 ôtez 8 reste 1
ou	ou	ou
3 — 2 = 1	6 — 5 = 1	9 — 8 = 1
4 — 2 = 2	7 — 5 = 2	10 — 8 = 2
5 — 2 = 3	8 — 5 = 3	11 — 8 = 3
6 — 2 = 4	9 — 5 = 4	12 — 8 = 4
7 — 2 = 5	10 — 5 = 5	13 — 8 = 5
8 — 2 = 6	11 — 5 = 6	14 — 8 = 6
9 — 2 = 7	12 — 5 = 7	15 — 8 = 7
10 — 2 = 8	13 — 5 = 8	16 — 8 = 8
11 — 2 = 9	14 — 5 = 9	17 — 8 = 9

de 4 ôtez 3 reste 1	de 7 ôtez 6 reste 1	de 10 ôtez 9 reste 1
ou	ou	ou
4 — 3 = 1	7 — 6 = 1	10 — 9 = 1
5 — 3 = 2	8 — 6 = 2	11 — 9 = 2
6 — 3 = 3	9 — 6 = 3	12 — 9 = 3
7 — 3 = 4	10 — 6 = 4	13 — 9 = 4
8 — 3 = 5	11 — 6 = 5	14 — 9 = 5
9 — 3 = 6	12 — 6 = 6	15 — 9 = 6
10 — 3 = 7	13 — 6 = 7	16 — 9 = 7
11 — 3 = 8	14 — 6 = 8	17 — 9 = 8
12 — 3 = 9	15 — 6 = 9	18 — 9 = 9

La Soustraction n'étant, à proprement parler, qu'une addition , vous pourrez toujours l'exécuter au moyen de la *table d'addition*, quand le plus grand des nombres à soustraire ne dépassera pas 18 et le plus petit 9.

— *Soit à soustraire 5 de 9*, ou , ce qui est la même chose, *à chercher ce qu'il faut ajouter à 5 pour égaler 9*. Vous trouverez évidemment la différence en suivant de gauche à droite la colonne horizontale qui commence par le plus petit nombre qui est 5, jusqu'à ce que vous arriviez au plus grand qui et 9, est en remontant la colonne verticale où se trouve 9 : le nombre 4 placé en haut est la différence cherchée , c'est-à-dire la quantité d'unités qu'il faut ajouter à 5 pour être égal à 9. En effet, 5 + 4 = 9. D'où il suit que , dans une soustraction , *le plus grand des deux nombres est toujours la somme du plus petit et de la différence.*

Ainsi donc — ʀᴇᴄᴀᴘɪᴛᴜʟᴇꜱ — lorsque le nombre à soustraire n'a qu'un chiffre , la table d'addition ou la table de soustraction ci dessus, suffit pour trouver la différence de deux nombres de même espèce. Mais il arrive souvent que les nombres à soustraire ont plusieurs chiffres : — on décompose alors la soustraction totale en plusieurs soustractions partielles , dans lesquelles le nombre à soustraire et la différence n'ont jamais qu'un chiffre ; on retranche alors successivement les unités de même ordre les unes des autres, et, pour faciliter le calcul, on écrit le plus petit nombre sous le plus grand de manière que les unités de même grandeur se correspondent , puis on met une ligne sous les deux nombres pour les séparer du résultat.

Quelques exemples me feront mieux comprendre.

1° — Une personne charitable donne aux pauvres de son village, le jour du nouvel an, 245 fr. sur 567 fr. qu'elle destinait à des aumônes. — Quelle somme lui reste-t-il à distribuer ?

Il est clair qu'il reste à cette personne tout l'argent qu'elle avait, moins celui qu'elle a donné ; il faut donc ôter 245 fr. de 367, c'est-à-dire faire une soustraction. Je dispose en conséquence l'opération de cette manière :

Je dis, en commençant par la droite :

<table>
<tr><td>

5 ôté (*) de 7, il reste 2 que j'écris sous les unités ; 4 ôté de 6, il reste 2 que j'écris sous les dixaines ; 2 ôté de 3, il reste 1 que j'écris sous les centaines. Je trouve ainsi 122 fr. pour le reste demandé : donc cette personne a encore à distribuer aux pauvres 122 francs.

</td><td>

de . .   367
ôtez.   245
───────
Reste.   122

</td></tr>
</table>

2° — Newton, célèbre géomètre anglais, naquit en 1642 et mourut en 1727. — Combien a vécu ce profond mathématicien ?

Il a évidemment vécu l'espace de temps compris entre 1642 et 1727, c'est-à-dire que la différence de ces deux nombres exprimera son âge : c'est donc une soustraction à faire. Je dispose également l'opération comme ci-dessus ; mais je remarque que le chiffre des dixaines du nombre inférieur est *plus grand* que le chiffre qui lui correspond dans le nombre supérieur. Comment alors effectuer la soustraction ? — De cette manière :

<table>
<tr><td>

*Je dis, en commençant par la droite :
2 ôté de 7, il reste 5 que j'écris sous les unités ; je passe aux dixaines et je vois que 4 dixaines ne peuvent être ôtées de 2, j'emprunte alors sur le chiffre significatif à gauche 1 centaine qui vaut*

</td><td>

de . . 1727
ôtez. 1642
───────
Différence. 0885

</td></tr>
</table>

10 dixaines que j'ajoute à 2 dixaines, ce qui donne 12 dixaines : la soustraction devient possible, car 4 ôté de 12, il

─────────────────────────

(*) C'est-à-dire le nombre 5 et non pas 5 unités.

reste 8 que j'écris sous les dixaines ; passant aux centaines , je dis 6 ôté de 7 — 1 d'emprunt ou de 6 , il reste 0 que j'écris à la place des centaines ; je continue 1 ôté de 1 , il reste aussi 0 qui tient alors la place des mille. Mais comme les zéros à la gauche d'un nombre entier n'ont aucune valeur, on se dispense de les écrire. Le nombre 85 est donc la différence cherchée : c'est l'âge du grand Newton.

L'emprunt réduit l'opération ci-dessus à celle-ci :
De... 1 mille 6 centaines 12 dixaines et 7 unités ,
Otez.. 1 mille 6 centaines 4 dixaines et 2 unités.
____
Différence. . . . . 8 dixaines et 5 unités.

Jusqu'à ce que , par de nombreux exercices, vous ayez acquis l'habitude des emprunts , il sera bon de marquer d'un point le chiffre sur lequel vous aurez emprunté , afin de ne pas oublier de le diminuer d'une unité.

3° — De combien le nombre 36004 excède-il le nombre 25879 ?

Évidemment de ce qu'il faut ajouter au plus petit nombre pour égaler le plus grand : c'est donc une soustraction à faire , que je dispose comme ci-dessus.

De... 36 004 } L'emprunt réduit l'opé- { De... 3599 + 14
Otez. 25 879 } ration à cette autre.   { Otez. 2587 + 9
____________   _______________
10 125 ──────── Excès. ──────── 1012 + 5

En effet : 9 unités ne pouvant être ôtées de 4 unités, force est d'emprunter ; or , l'emprunt ne peut se faire sur les zéros qui n'ont aucune valeur par eux-mêmes, mais sur le premier chiffre significatif 6 qui exprime des mille : j'emprunte donc 1 mille qui vaut 10 centaines , j'en laisse 9 au rang des centaines ; la centaine qui reste valant 10 dixaines , j'en laisse 9 au rang des dixaines ; il reste donc 1 dixaine qui vaut 10 unités qui, jointes aux 4 unités, donnent 14 unités desquelles il est possible alors de retrancher 9 : la différence est 5 , je l'écris au rang des unités. — Je continue: 7 ôté de 9 , il reste 2 ; 8 ôté de 9 , il reste 1 ; 5 ôté de 6 — 1 , ou 5 , il reste 0 que j'écris pour tenir le rang des mille ; 2 ôté de 5 , il reste 1 : l'excès demandé est donc 10125.

Vous voyez qu'il suffit de considérer les 0 comme des 9 , et de diminuer d'une unité le chiffre significatif qui vient à leur gauche.

De ce qui précède, nous pouvons donc tirer la *règle générale* suivante :

77.— RÈGLE. — POUR SOUSTRAIRE L'UN DE L'AUTRE DEUX NOMBRES ENTIERS : — ON ÉCRIT *le plus petit nombre au-dessous du plus grand, de manière que les unités de même ordre soit dans une même colonne verticale ;* ON SOU-LIGNE *le tout ; on soustrait successivement,* en commençant par la droite, *chaque chiffre inférieur du chiffre supérieur correspondant : — Si le chiffre inférieur est* plus petit *que le chiffre supérieur,* ON ÉCRIT *le reste sous la colonne qui l'a fourni. Si le chiffre inférieur est égal au chiffre supérieur, le reste étant nul,* ON ÉCRIT *zéro sous la colonne. Si le chiffre inférieur est* plus grand *que le chiffre supérieur, pour rendre la soustraction possible* ON AUGMENTE *celui-ci de* dix unités *empruntées au premier chiffre significatif qui est à sa gauche, lequel se compte alors pour une unité de moins ; et s'il se trouve des zéros inter-*

médiaires, on les considère comme des 9. —
ON CONTINUE *jusqu'à la dernière colonne à gauche :
on a ainsi, sous la ligne de séparation, le* RESTE,
L'EXCÈS, *ou la* DIFFÉRENCE.

78 — **EXEMPLE.** — SOIT A SOUSTRAIRE 402193
de 8750063.

J'écris le plus petit nombre au-dessous du plus
grand, de manière que les unités de même ordre
soient dans une même colonne verticale ; je tire une
barre, et je dis :

3 de 3, reste 0 *; 9 de 16, reste* 7 *; 1 de*
9, reste 8 *; 2 de 9, reste* 7 *; 0 de 4, reste* 4 *;*
4 de 7, reste 3 *; rien de 8, reste* 8.

OPÉRATION.

$$8750063$$
$$402193$$
$$\overline{8347870}$$

Vous pouvez encore abréger ce langage par la suppression du mot *reste* qu'il n'est pas nécessaire de répéter sans cesse, en disant simplement :

3 de 3, 0 *; 9 de 16,* 7 *; 1 de 9,* 8 *; 2 de 9,* 7 *; 0 de 4,* 4 *;*
4 de 7, 3 *; rien de 8,* 8.

Le reste ou la différence est 8347870.

Chaque chiffre du résultat représente bien le *reste*
d'une colonne, c'est-à-dire la différence entre les unités,
a différence entre les dixaines, la différence entre les
centaines, etc., des nombres à soustraire ; par conséquent *tous ensemble* représentent le *reste de toutes les
colonnes*.

Donc :

79 — **DÉMONSTRATION.** — EN OPÉRANT SUI-

8*

VANT LA RÈGLE DE LA SOUSTRACTION, *on re-tranche successivement chaque partie du plus petit nombre de celle de même espèce du plus grand :* ce qui donne le RESTE, L'EXCÈS *ou la* DIFFÉRENCE.

80 — USAGES. — LA SOUSTRACTION S'EM-PLOIE :

1° *Lorsqu'on veut connaître la différence entre deux nombres de même espèce ;*

2° *Lorsqu'on veut déterminer l'excès d'un nombre sur un autre de même nature ;*

3° *Lorsqu'on veut diminuer un nombre d'un autre nombre donné ou connu, pour en connaître le reste ;*

4° *Lorsque, connaissant la somme de deux nombres et l'un d'entre eux, on veut déterminer l'autre ;*

5° *Enfin, on emploie la soustraction pour faire la preuve de l'addition et pour exécuter la division.*

Si au plus petit des deux nombres d'une soustraction, vous ajoutez ce qu'il a de moins que le plus grand, c'est-à-dire le reste ou la différence, il est évident que vous trouverez le plus grand nombre pour résultat de l'opération.

Donc :

81. — PREUVE. — POUR FAIRE LA PREUVE DE LA SOUSTRACTION : – ON AJOUTE *le reste ou la*

différence au plus petit des deux nombres ; si l'o-
pération a été bien faite, la SOMME *que l'on obtient*
doit être ÉGALE *au plus grand nombre.*

Ex. — Soit à soustraire 50194 de 56078, et faire
la preuve.

SOUSTRACTION.   PREUVE.

56078. Plus grand nomb.   50194. Plus petit nomb.
— 50194. Plus petit nomb.   + 25884. Reste ou différ.

25884. Reste ou différ.   56078. Plus gr. nomb.

Dans la pratique, on se dispense d'écrire les nombres
servant à faire la preuve : on additionne de bas en haut
le reste et le plus petit nombre de l'opération primitive,
le *total* placé en tête de la soustraction est le *plus grand
nombre* cherché.

QUESTIONNAIRE.

76. — *Qu'est-ce que la soustraction ?*
77. — *Quelle est la règle générale de la soustraction des
nombres entiers ?*
78. — *Donnez un exemple.*
79. — *Prouvez que la règle conduit au résultat cherché.*
80. — *Indiquez-les principaux usages de la soustraction.*
81. — *Comment fait-on la preuve de la soustraction ?*

EXERCICES PRATIQUES.

Il importe d'exercer les élèves à exécuter la soustraction ;
quelle que soit la disposition des nombres. Il n'est pas nécessaire, en effet, que le plus petit nombre soit au-dessous
du plus grand. En comptabilité, il arrive souvent que le
nombre inférieur se trouve à côté, avant ou après le nombre
supérieur ; quelquefois même il en est bien éloigné. — Il

importe aussi d'habituer les élèves à soustraire de mémoire du nombre 100 ou de ses multiples , un nombre quelconque composé de dixaines et d'unités ; c'est une excellente préparation au *calcul mental* , dont voici les principales règles.

On peut avoir à soustraire :

1° — *Un nombre simple d'un nombre simple ;*
2° — *Un nombre simple d'un nombre composé ;*
3° — *Un nombre composé d'un nombre composé.*

Rien de plus facile que la soustraction mentale des nombres simples , quand on sait bien par cœur les tables d'addition et de soustraction. Et, en effet, on n'a jamais qu'à *additionner* ou à *soustraire* ; car la question peut toujours être ramenée à ces deux énoncés: *Combien faut-il ajouter à 4 pour égaler 6?* Ou : *Combien 6 est-il plus grand que 4?* — On sait que dans la série naturelle des nombres 6 suit immédiatement 5 , 5 est donc 1 moins que 6 ; or 4 est encore 1 moins que 5 : donc la différence de 4 à 6 est 2. — On sait aussi qu'en ajoutant 1 à 4 , on a 5 ; et 1 à 5 , on a 6 : donc aussi la différence est 2.

Donc :

1° — *Si les nombres à soustraire sont des nombres simples, la soustraction mentale se fait unité par unité , à moins qu'on ne trouve la différence de mémoire au moyen des tables d'addition ou de soustraction.*

Ex. — Soustraire 3 de 8.

$$8 - 3 = 5 \text{ ou } 3 + 5 = 8.$$

2° — *Si le nombre supérieur a deux chiffres et le nombre inférieur un , on soustrait celui-ci de 10 ou d'un multiple de 10 , et on ajoute à la différence les unités du nombre supérieur.*

Ex. — Soustraire 6 de 15 , et 8 de 34.

(1°) 6 de 10 , reste 4 ; 4 + 5 = 9 , différence cherchée.
(2°) 8 de 30 , reste 22 ; 22 + 4 = 26 , différence cherchée.

A moins qu'on ne sache par l'addition que 6 + 9 = 15, et 8 + 26 = 34.

3° — Si les nombres à soustraire sont des nombres composés, on soustrait du grand les plus hautes unités du petit, puis successivement chacune des autres dans l'ordre où elles se trouvent.

Ex. — Soustraire 25 de 48, 345 de 987, et 156 de 304.

(1°) De 48 ôté 20, reste 28 ; ôté 5, reste 23 : en effet, 25 + 23 = 48.

(2°) De 987 ôté 300, reste 687 ; ôté 40, reste 647 ; ôté 5, reste 642 : en effet, 345 + 642 = 987.

(3°) De 304 ôté 100, reste 204 ; ôté 50, reste 154 ; ôté 6, reste 148 ; en effet, 156 + 148 = 304.

Voici quelques *moyens mécaniques* qui, dans certains cas, abrègent les calculs et allègent la mémoire ; les élèves intelligents pourront en découvrir d'autres, peut-être plus avantageux, que les maîtres feront bien de porter à la connaissance des esprits moins inventifs.

1° — Si le nombre inférieur ne diffère que de peu d'unités du nombre 10 ou d'un multiple de 10, on le rend égal à ce dernier et l'on rectifie ensuite le résultat.

Ex. — Soustraire 9 de 56, et 98 de 462.

(1°) Ajoutant 1 à 9, on a 10 ; or 56 — 10 = 26. Mais comme on a soustrait 1 unité en trop, il faut donc l'ajouter à 26, ce qui donne 27 pour la différence cherchée : en effet, 9 + 27 = 36.

(2°) 98 + 2 = 100 ; 462 — 100 = 362 : 362 + 2 = 364, différence cherchée : en effet, 98 + 364 = 462.

3° — Si un ou plusieurs chiffres du nombre inférieur sont plus forts que ceux du même rang de nombre supérieur, on ajoute à chacun un nombre qui facilite le calcul.

Ex. — Soustraire 49 de 254.

En ajoutant 1 à chacun de ces nombres, ils deviennent 50 et 255 ; en les augmentant encore de 50, ils sont 100 et 285 dont la différence est 185 : en effet, 49 + 185 = 254.

3° — Si les nombres à soustraire ont plusieurs chiffres, on décompose l'opération en autant de soustractions de nombres simples qu'il y a d'ordres d'unités, et on réunit les différences en conservant à chacune d'elles sa valeur relative.

Ex. — Soustraire 35 de 48, et 452 de 587.

(1°) 4^d — 3^d = 1^d ; 8^u — 5^u = 5^u : or, 1^d + 5^u = 15", différence cherchée. En effet, 35 + 13 = 48.

(2°) 5^c — 4^c = 1^c ; 8^d — 5^d = 3^d ; 7^u — 2^u = 5^u : or, 1^c + 3^d + 5^u = 1 5", différence cherchée. En effet, 452 + 135 = 587.

Les égalités ci-dessous font mieux ressortir l'application de ce procédé :

(1°)				(2°)			
40	—	30	= 10	500	—	400	= 100
8	—	5	= 3	80	—	50	= 30
				7	—	2	= 5
48	—	35	= 13	587	—	452	= 135

Faire appliquer toutes ces règles aux exercices ci-dessous.

233. Récitez la table de soustraction, en commençant par la fin.

234. Indiquez les nombres de la table, dont la différence est 9, 8, 7, 6, 5, 4, 3, 2, 1.

235. Que faut-il retrancher aux nombres 10, 11, 12, 13, 14, 15, 16, 17, 18, pour avoir pour différence les neuf premiers nombres ?

236. Que faut-il ajouter aux neuf premiers nombres 1, 2, 3, 4, 5, 6, 7, 8, 9, pour former tous les nombres plus grands contenus dans la table de soustraction ?

237. Décompter, à partir de 100, d'abord par 1 unité, puis par 2, par 3, par 4, par 5, par 6, par 7, par 8, par 9. (*)

258. Paul, ayant mal récité la table de soustraction, doit la copier 9 fois ; il en a déja 4 copies. — Combien lui en reste-il à faire ?

259. Si j'avais été plus studieux, j'aurais mieux su ma leçon d'arithmétique, et je n'aurais pas eu 15 lignes à apprendre par cœur ; j'en sais 9.— Combien m'en reste-t-il à apprendre ?

240. Il y a 58 arbres dans un verger, on n'en veut laisser que 27. — Combien doit-on en arracher ?

241. Quel nombre faut-il ajouter à 9 pour avoir 27 ?

242. J'avais 28 chiques avant la partie, et je n'en ai plus que 19. — Combien en ai-je perdu ?

243. Il y a dans une bergerie 50 moutons ; on en vend 21 et l'épizootie en fait périr 4. — Combien en reste-t-il ?

244. Nicolas, ayant mieux travaillé que Louis, a reçu dans un mois 47 bons points, et il en a 16 de plus que Louis. — Quel est le nombre de bons points de ce dernier ?

245. Quel était le millésime de l'année il y a 24 ans ?

246. Eugène, voulant embarrasser Jules, lui demande quel âge avait, il y a 19 ans, une personne aujourd'hui âgée de 75 ans. — Que doit lui répondre Jules ?

247. Clovis, fondateur de la monarchie française, est monté sur le trône en 481, et il est mort en 511. — Combien a-t-il régné, et combien s'est-il écoulé de temps depuis sa mort jusqu'en 1789 ?

248. Napoléon, le plus grand capitaine des temps modernes, est né dans l'île de Corse en 1769, et il est mort dans l'île de Ste-Hélène en 1821. — Combien d'années a-t-il vécu ?

(*) Ces exercices seront réitérés, jusqu'à ce que les élèves soient parvenus à les faire sans hésitation.

249. Un petit farceur dit à ses camarades : Je pense deux nombres ; le plus grand est 200 , la différence du plus petit au plus grand est 29. — Quel est le plus petit nombre ?

250. Combien s'est-il écoulé d'années entre l'invention de l'imprimerie en 1445 et l'invention de la poudre à canon en 1474 ?

251. La somme de deux nombres est 50 , et le plus petit est 15. — Quel est le plus grand nombre , et quelle est la différence ?

252. Les pommes de terre , ce précieux tubercule , furent apportées en Europe l'an 1586 par Drake ; et ce ne fut que vers l'an 1780 que le philanthrope Parmentier les fit apprécier en France , sous le règne de Louis XVI. — Combien s'est-il écoulé de temps entre ces deux époques ?

253. En 1840 le nombre des instituteurs en France était de 29985 , et en 1841 de 30075. — Quelle a été en un an l'augmentation du personnel ?

254. On appelle *Débiteur* celui qui doit , et *Créancier* celui à qui on doit. — Un débiteur paie à son créancier une somme de 1000 fr. puis quelque temps après celle de 475 fr. sur une dette de 2650 fr. — Combien reste-t-il à payer ?

255. Les Anglais ont enlevé aux Français 63 navires en 1793 , 88 en 1794, 47 en 1795, 63 en 1796 et 114 en 1797 ; les Français ont pris aux Anglais 261 navires en 1793 , 527 en 1794 , 502 en 1795 , 414 en 1796 et 502 en 1797. — Quelle est la différence en faveur de la France ? (*)

(*) Ces deux derniers problèmes ne seront donnés à résoudre , qu'après l'étude des *observations sur la soustraction*.

ENTRETIEN XXX.

Observations sur la Soustraction.

I.

De la *définition* de la soustraction, il résulte que :

1° — Si l'on ajoute au plus grand nombre une ou plusieurs unités, le reste est *augmenté* de la même quantité d'unités ;

2° — Si l'on ajoute au plus petit nombre une ou plusieurs unités, le reste est *diminué* de la même quantité d'unités.

C'est-à-dire que :

La différence entre deux nombres ne change pas, lorsqu'on ajoute une même quantité d'unités à chacun de ces nombres.

II.

Ce principe a donné l'idée ingénieuse de faire la *Soustraction par compensation*, c'est-à-dire sans avoir recours aux emprunts, et sans diminuer d'une unité le chiffre sur lequel on a emprunté.

Voici cette méthode aussi facile qu'expéditive, la seule dont on fasse usage dans la pratique de la division.

Lorsque le chiffre inférieur est plus grand que son correspondant supérieur, on augmente par la pensée le chiffre supérieur de 10 unités de son ordre, ce qui rend la soustraction possible : et, pour ne pas altérer la valeur du reste, on ajoute une unité au chiffre inférieur suivant, ce qui permet de ne pas diminuer d'une unité le chiffre supérieur correspondant.

Ex. — Soustraire 2658 de 9704.

On dit : *8 de 14 (10 + 4), reste 6* ; augmentant le nombre 5 d'une unité, on dit : *6 de 10, reste 4* ; ajoutant une unité à 6, on dit : *7 de 7, reste 0* ; puis enfin : *2 de 9, reste 7*. Différence totale 7046 : en effet, 2658 + 7046 = 9704.

OPÉRATION.
9704
2658
Reste : 7046

Comme l'unité ajoutée au nombre inférieur vaut 10 par rapport au rang précédent, on a ajouté 10 aux deux nombres : donc leur différence n'a pas changé.

III.

L'addition fournit un moyen très-simple et très-élégant de faire la soustraction. Il consiste à opérer comme si la soustraction était déjà effectuée et qu'on voulût la vérifier, en *additionnant le plus petit nombre au reste*.

Ainsi :

On cherche ce qu'il faut ajouter au plus petit nombre pour égaler le plus grand, ce qui donne le reste.

Dans l'exemple ci-dessus, on dit : *8 et 6, 14, je pose 6 et reporte 1 ; 1 et 5, 6 et 4, 10, je pose 4 et reporte 1 ; 1 et 6, 7 et 0, 7, je pose 0 ; 2 et 7, 9, je pose 7.*

Cette méthode de calcul, généralement employée dans la comptabilité, dispense d'écrire le nombre inférieur au-dessous du nombre supérieur. L'opération qui précède, peut se présenter ainsi :

Nomb. inf. 2658		2658 Nomb. inf.
Nomb. sup. 9704	9704—2658=7046	7046 Reste.
Reste : 7046		9704 Nomb. sup.

IV.

En comptabilité, dans le commerce, on a souvent à faire plusieurs *soustractions successives.* En soustrayant successivement chacun des nombres, on arrive au résultat par une marche longue et ennuyeuse : voici des moyens qui abrègent le calcul :

1° — Lorsque l'on a plusieurs nombres à soustraire d'un autre nombre, on fait la somme de ces nombres et on soustrait cette somme du nombre donné.

Ex. — Un marchand a acheté pour 2875 fr. de marchandises ; il a déjà fait les cinq versements suivants : 650, 475, 525, 550 et 275 fr. — Combien redoit-il ?

Il est clair qu'en faisant la somme des à-comptes payés et en la retranchant de la somme due, le reste exprimera ce que redoit le marchand. Ce reste est 600 fr., car 600+2275=2875.

OPÉRATIONS.

Addition.	Soustraction.
650	Dû. 2875
475	Payé. 2275
525	
350	Reste : 600
275	
2275	

Mais, dans la pratique, on peut se dispenser de faire préalablement l'addition. On fait en même temps l'addition et la soustraction, ce qui abrège le calcul.

On dit, en commençant l'addition par le bas : *5, 10, 15 ôtés de 15, reste 0 que je pose et retiens 1 ; 1, 8, 13, 15, 22, 27 ôtés de 27, reste 0 que je pose et retiens 2 ; 2, 4, 7, 12, 16, 22 ôtés de 28, reste 6 que j'écris.*

Addition et Soustraction :

Dû : 2875

Payé : { — 650 — 475 — 525 — 350 — 275 }

Reste : 600

Le calcul serait évidemment le même, si les nombres à soustraire étaient placés sur une seule ligne horizontale :

$$2875 - 650 - 475 - 525 - 350 - 275 = 600 \text{ fr.}$$

2° — *Lorsqu'on a plusieurs nombres à soustraire de plusieurs autres nombres, on fait leurs sommes et on soustrait l'une de l'autre.*

Ex. — Un caissier a reçu : le lundi 375 fr., le mardi 450, le mercredi 675, le jeudi 576, le vendredi 730 et le samedi deux billets de banque de 500 fr. chacun ; et il a payé aux mêmes jours 280, 129, 485, 376, 687 fr., et donné en à-compte quatre billets de 200 fr. chacun. — Que lui reste-t-il en caisse ?

On le saurait évidemment en faisant jour par jour, comme ci-dessous, la différence des recettes et des dépenses ; mais il est plus simple et plus expéditif d'additionner tout ce qui a été reçu, et d'en soustraire tout ce qui a été payé.

Soustractions partielles.

Reçu :		Payé :		Reste :
375	—	280	=	95
450	—	129	=	521
675	—	485	=	190
576	—	376	=	200
730	—	687	=	43
1000	—	800	=	200
3806	—	2757	=	1049

Soustraction totale.

Reçu...	3 806
Payé...	2 757
Reste...	1 049

La soustraction totale dispense de faire une troisième addition, il y a donc avantage à l'employer.

V.

On peut indifféremment commencer la soustraction

par la droite ou par la gauche, quand chacun des chiffres inférieurs est plus petit que son correspondant supérieur. Mais lorsque le contraire a lieu, ce qui arrive souvent, il faut emprunter sur le chiffre significatif qui vient à gauche, ou augmenter de 10 unités le chiffre supérieur trop faible et ajouter une unité au chiffre inférieur suivant à gauche; or, si la soustraction était déjà faite sur cette colonne à gauche, il faudrait changer le reste déjà obtenu et en retrancher une unité. — C'est pour éviter un tel inconvénient, qu'il faut commencer la soustraction par la droite.

En résumé : — On commence la soustraction par la droite pour plus de facilité et afin de n'être point obligé de revenir sur ses pas, pour diminuer un chiffre déjà écrit au reste.

VI.

La soustraction donne un moyen fort ingénieux de faire la preuve de l'addition. Cette preuve est fondée sur ce principe :

Si d'un tout on retranche toutes les parties, il ne doit rien rester.

La voici :

Pour faire la preuve de l'addition par la soustraction — On refait l'addition par la gauche, et l'on retranche successivement chaque somme obtenue de la partie correspondante du total ; on écrit au-dessous le reste que l'on regarde comme autant de dixaines qui doivent être jointes au chiffre suivant du total. On continue ainsi jusqu'à la dernière colonne à droite qui doit donner pour reste 0 , si l'opération a été bien faite.

Ex. — Appliquer cette preuve aux deux additions précédentes.

On dit, pour la première addition :
1 de 3 reste 2 qui valent 20, *et* 8, 28 ;
3, 7, 13, 18, 25 *de* 28 *reste* 3 *qui
valent* 30, *et* 0, 30 ; 7, 12, 19, 26, 29
de 30 *reste* 1 *qui vaut* 10 *et* 6, 16 ; 5,
10, 16 *de* 16 RESTE 0.

Et pour la seconde : 2, 3, 7, 10, 16,
24 *de* 27 *reste* 3 *qui valent* 30, *et* 5,
35 ; 8, 10, 18, 25, 33 *de* 35 *reste* 2
qui valent 20, *et* 7, 27 ; 9, 14. 20,
27 *de* 27 RESTE 0 *(*)*.

PREUVE.

	375	280
	450	129
	675	485
	576	376
	730	687
1	000	800
3	806	2 757
2	310 restes	320

Donc les sommes trouvées sont exactes.

QUESTIONNAIRE.

*Que résulte-t-il de la définition de la soustraction ? —
Comment fait-on la soustraction par compensation ? — Comment fait-on la soustraction par l'addition ? — Comment
opère-t-on plusieurs soustractions successives ? — Pourquoi
commence-t-on la soustraction par la droite ? — Comment
peut-on faire la preuve de l'addition par la soustraction ?*

(*) Les restes que fait ressortir cette preuve, ne sont autre chose que les
reports fournis par l'addition primitive de chaque colonne ; or, la première
colonne à droite n'ayant reçu aucun report, doit nécessairement donner
pour reste 0.

DIVISION.

ENTRETIEN XXXI.

Division des nombres simples.

DÉFINITION. — TABLE DE DIVISION.

Vous vous souvenez – **mes amis** – que le mot *Multiplication* réveille l'idée d'*augmentation*, de *composition* des nombres ; le mot DIVISION veut dire, au contraire, *diminution, décomposition, partage.*

DIVISER, c'est donc *rendre plus petit*, c'est *partager en parties égales*, c'est *chercher combien de fois un nombre est contenu dans un autre.* Ainsi, *diviser 6 par 2*, c'est rendre deux fois plus petit le nombre 6, c'est le partager en deux parties égales, c'est chercher combien de fois 2 y est contenu : on trouve pour résultat de la division le nombre 3, car $2 \times 3 = 6$. On peut dire encore que, — *diviser un nombre par un autre, c'est en chercher un troisième qui, multiplié par le second, reproduise le premier;* — c'est donc chercher *l'un des facteurs* d'une multiplication dont on connait le *produit* et *l'autre facteur.* La division est donc l'opposé de la multiplication : elle décompose ce que cette opération avait composé, aussi l'emploie-t-on quelquefois pour la vérifier.

On distingue *trois nombres* dans la division , comme il y en a trois dans la multiplication : — le *nombre à diviser* s'appelle DIVIDENDE: c'est le *produit* de la multiplication ; — le *nombre par lequel on divise*, s'appelle DIVISEUR : c'est le *multiplicande* ; — le *nombre que donne la division*, c'est-à-dire celui qui indique en combien de parties égales le dividende est partagé ou combien de fois le diviseur y est contenu, s'appelle QUOTIENT : c'est le *multiplicateur* (*). Ainsi, dans l'exemple ci-dessus, 6 est le dividende , 2 le diviseur et 5 le quotient. — *Le dividende est donc un* PRODUIT *dont le diviseur et le quotient sont les* FACTEURS.

Il y a donc — **mes amis** — différentes manières de *définir* la division ; mais comme, dans les usages de la vie, vous n'aurez guère à employer la division que pour *partager un nombre en plusieurs parties égales*, ou pour *connaître combien de fois un nombre en contient un autre*, nous nous arrêterons à la DÉFINITION suivante qui contient ces deux cas :

82. — **DÉFINITION.** — *La* DIVISION *est une opération par laquelle on partage le* DIVIDENDE *en autant de parties égales qu'il y a d'unités dans le* DIVISEUR *, une de ces parties est le* QUOTIENT ; *— ou par laquelle on cherche combien de fois le* DIVIDENDE *contient le* DIVISEUR *, le nombre de fois est le* QUOTIENT.

Dans le premier cas, le QUOTIENT est de *même nature* que le dividende ; dans le second cas, il est d'*espèce différente*. En général , c'est la question seule qui décide la nature des unités du quotient ; mais cette détermination n'influe aucunement sur la manière d'effectuer la division : vous opérez toujours comme si le dividende et le diviseur étaient des *nombres abstraits*, ce qui rend l'opération plus simple en donnant plus de généralité aux raisonnements.

Sous le rapport du raisonnement, la division est la plus difficile des quatre opérations fondamentales de

---

(*) Quand le quotient est de même nature que le dividende, c'est le *multiplicande*, et le diviseur le *multiplicateur*.

l'arithmétique ; il faut une grande habitude du calcul raisonné pour la comprendre , et ce n'est que par de nombreux exercices que l'on y parvient. Je vais néanmoins essayer de vous présenter la division sous son jour le plus clair , mais il me faut toute votre attention et la ferme volonté de me comprendre. (*)

Dans vos jeux – mes amis –vous avez eu souvent à partager des chiques ou des boutons. Comment alors faisiez-vous la part à chaque joueur ? Évidemment vous partagiez le nombre de chiques ou de boutons, qui était le *dividende*, en autant de petits tas égaux au nombre de joueurs, qui était le *diviseur*, et le nombre de chiques ou de boutons de chaque tas était le *quotient*. Sans vous en douter, vous faisiez une division. Mais vous comprendrez bientôt que cette opération matérielle serait incommode dans la pratique, et même souvent impossible. — *Un nombre ne pouvant être contenu dans un autre qu'autant de fois qu'on peut l'en soustraire ,* vous auriez pu déterminer la part de chaque joueur en

---

(*) XVII.

On n'apprend jamais rien sans un travail sévère ;
Et le moindre talent a sa difficulté :
Il faut, pour l'obtenir, courage, activité ;
Et ce n'est qu'en faisant qu'on peut apprendre à faire.

XVIII.

Pour l'enfant courageux , il n'est rien d'impossible ;
Et des difficultés le travail est vainqueur.
Plus l'effort qu'il faut faire est fâcheux et pénible,
Et plus on en reçoit de plaisir et d'honneur.

XIX.

Ne vous plaignez jamais de la difficulté :
Il n'est rien — *mes amis* — que l'on ne puisse faire.
Si l'on veut se donner la peine nécessaire ,
Le succès suit toujours la bonne volonté.

soustrayant du dividende le diviseur autant de fois que cela eût été possible, et le nombre de soustractions aurait donné le quotient.

Voici la manière d'opérer avec des chiffres. — *Soit le nombre 20 à diviser par 5.*

1ᵉ Soustraction....	20	*Dividende principal.*
	5	Diviseur.
2ᵉ Soustraction....	15	1ᵉʳ dividende partiel.
	5	Diviseur.
3ᵉ Soustraction....	10	2ᵉ dividende partiel.
	5	Diviseur.
4ᵉ Soustraction....	5	3ᵉ dividende partiel.
	5	Diviseur.
	0	

J'ai fait *quatre soustractions* ; le diviseur est donc contenu quatre fois dans le dividende : donc le quotient de 20, divisé par 5, est 4 ; et, en effet, $5 \times 4 = 20$.

Donc le dividende contient le diviseur autant de fois qu'il y a d'unités dans le quotient.

Le dividende étant le produit du diviseur par le quotient, vous pourrez donc toujours obtenir ce quotient par des *soustractions successives* ; mais vous comprenez — mes amis — combien cette méthode serait longue et ennuyeuse, si le diviseur était contenu un grand nombre de fois dans le dividende. La division offre une méthode plus courte, qui réduit cette opération à une soustraction abrégée.

Il n'y a aucune règle à suivre pour diviser, lorsque le *diviseur* et le *quotient* sont des *nombres simples* ; la table de Pythagore donne de suite le quotient : *on prend pour ce quotient le nombre tel qu'en le multipliant par le diviseur on reproduit le dividende, ou le plus grand produit entier qui y soit contenu.* — Soit le nombre 20 à diviser par 5, au moyen de cette table :

Suivez la ligne horizontale qui commence par le diviseur 5 jusqu'au dividende 20 ; remontez ensuite la colonne verticale où vous vous arrêtez, et le chiffre 4 qui se trouve en tête est le quotient. En effet, $5 \times 4 = 20$.

La division des nombres composés se ramène toujours à une suite de divisions de nombres simples ; il suffit de bien savoir par cœur les produits de la *table de Pythagore* et les facteurs de ces produits, ou bien apprendre de mémoire la TABLE DE DIVISION suivante qui n'est que la table de multiplication renversée :

(*) Si la table de multiplication, vulgairement nommée *Grand Livret*, est d'un puissant secours dans le calcul, cette même table *renversée* est bien plus utile encore dans la pratique, si difficile, de la division. On devra donc y exercer les élèves, jusqu'à ce qu'ils n'éprouvent plus aucun embarras dans la recherche du quotient.

1 contient 1 une fois.	4 contient 4 une fois.	7 contient 7 une fois.
ou	ou	ou
1 : 1 = 1	4 : 4 = 1	7 : 7 = 1
2 : 1 = 2	8 : 4 = 2	14 : 7 = 2
3 : 1 = 3	12 : 4 = 3	21 : 7 = 3
4 : 1 = 4	16 : 4 = 4	28 : 7 = 4
5 : 1 = 5	20 : 4 = 5	35 : 7 = 5
6 : 1 = 6	24 : 4 = 6	42 : 7 = 6
7 : 1 = 7	28 : 4 = 7	49 : 7 = 7
8 : 1 = 8	32 : 4 = 8	56 : 7 = 8
9 : 1 = 9	36 : 4 = 9	63 : 7 = 9

2 contient 2 une fois.	5 contient 5 une fois.	8 contient 8 une fois.
ou	ou	ou
2 : 2 = 1	5 : 5 = 1	8 : 8 = 1
4 : 2 = 2	10 : 5 = 2	16 : 8 = 2
6 : 2 = 3	15 : 5 = 3	24 : 8 = 3
8 : 2 = 4	20 : 5 = 4	32 : 8 = 4
10 : 2 = 5	25 : 5 = 5	40 : 8 = 5
12 : 2 = 6	30 : 5 = 6	48 : 8 = 6
14 : 2 = 7	35 : 5 = 7	56 : 8 = 7
16 : 2 = 8	40 : 5 = 8	64 : 8 = 8
18 : 2 = 9	45 : 5 = 9	73 : 8 = 9

3 contient 3 une fois.	6 contient 6 une fois.	9 contient 9 une fois.
ou	ou	ou
3 : 3 = 1	6 : 6 = 1	9 : 9 = 1
6 : 3 = 2	12 : 6 = 2	18 : 9 = 2
9 : 3 = 3	18 : 6 = 3	27 : 9 = 3
12 : 3 = 4	24 : 6 = 4	36 : 9 = 4
15 : 3 = 5	30 : 6 = 5	45 : 9 = 5
18 : 3 = 6	36 : 6 = 6	54 : 9 = 6
21 : 3 = 7	42 : 6 = 7	63 : 9 = 7
24 : 3 = 8	48 : 6 = 8	72 : 9 = 8
27 : 3 = 9	54 : 6 = 9	81 : 9 = 9

83. — LA DIVISION D'UN NOMBRE SIMPLE, *et même souvent d'*UN NOMBRE COMPOSÉ DE DEUX CHIFFRES, PAR UN NOMBRE SIMPLE, *se fait de mémoire, au moyen de la* TABLE DE DIVISION.

Quand le diviseur est 2, 3, 4, on dit qu'on prend la *moitié,* le *tiers,* le *quart*; et quand il est 5, 6. 7, 8, 9, on dit qu'on prend le *cinquième, le sixième,* le *septième,* le *huitième,* le *neuvième.*

QUESTIONNAIRE.

82. — *Qu'est-ce que la division des nombres entiers ?*

83. — *Comment se fait la division des nombres d'un et deux chiffres par les nombres simples?*

EXERCICES PRATIQUES (*).

256. Que veut dire le mot *division* ? — *diviser* ?

257. Qu'est-ce que *diviser un nombre par un autre* ?

258. Combien distingue-t-on de *termes* dans la division?

259. Qu'appelle-t-on *dividende* ? — *diviseur* ? — *quotient* ?

260. Quels *rapports* y a-t-il entre ces trois dénominations et les termes de la multiplication ?

261. De quelle *nature* sont les unités du quotient ?

262. Peut-on trouver le quotient par la *soustraction* ?

263. *Pourquoi* n'emploie-t-on pas ce moyen ?

(*) Ces exercices sont de la plus haute importance, et les élèves ne doivent les abandonner que lorsqu'ils les ont bien appris et surtout bien compris. « Il faut — dit *Rivail* — procéder dans l'enseignement de la division avec une sage lenteur, afin de donner à chaque degré de difficulté le temps de s'incruster et de s'éclaircir dans l'esprit par des exercices suffisamment nombreux, et surtout d'une gradation à peine sensible. »

264. La division, dans certains cas, n'est-elle pas *l'abrégé* de la soustraction?

262. Combien le dividende *contient-il de fois* le diviseur?

266. A quoi est *égal* le dividende?

267. Comment fait-on la division au moyen de la *Table de Pythagore?*

268. Qu'est-ce que la *table de division* ? — Construisez-la ?

269. Récitez la table de division de *haut en bas* et de *bas en haut* ?

270. Combien la table de division contient-elle réellement de *dividendes*?

271. Voici ces dividendes dont il faut indiquer les *différents diviseurs* :

1 — 2 — 3 — 4 — 5 — 6 — 7 — 8 — 9 — 10 — 12 — 14
15 — 16 — 18 — 20 — 21 — 24 — 25 —
27 — 28 — 30 — 32 — 35 —
36 — 40 — 42 — 45 — 48 — 49 — 50 — 54 —
56 — 63 — 64 — 72 — 81.

272. Quels sont ceux de ces dividendes qui admettent le plus de *diviseurs* ?

273. Comment prend-on la *moitié* d'un nombre? — le *tiers* ? — le *quart* ? — le *cinquième* ? — le *sixième* ? — le *septième* ? — le *huitième*? — le *neuvième*.

274. Quelle somme donnent la *moitié*, le *tiers*, le *quart*, le *sixième* et le *neuvième* de 36 ?

275. Quelle somme donnent le *cinquième* de 25, le *septième* de 49 et le *huitième* de 64 ?

ENTRETIEN XXXII.

Division des nombres composés.

LE DIVISEUR ÉTANT UN NOMBRE SIMPLE.

Si vous vous rappelez bien — **mes amis** — notre dernier entretien, vous saisirez plus facilement ce que je vais vous dire sur la division des nombres composés. Nous allons examiner le cas le plus simple : *celui où le dividende ayant plusieurs chiffres, le diviseur est un des neuf premiers nombres.*

Dans une année de disette, deux familles pauvres reçurent d'un homme charitable, chacune 432 francs. — Combien ont-elles reçu ensemble.

Il est évident qu'elles ont reçu 432 fr. plus 432 fr., c'est-à-dire 2 fois 432, ou $432 \times 2 = 864$ fr. L'opération à faire est donc une *multiplication*.

Mais quelle opération feriez-vous, si la question se présentait ainsi :

Dans une année de disette, un homme charitable donna 864 fr. à partager également entre deux familles pauvres. — Quelle a été la part de chacune ?

Évidemment vous feriez le contraire de l'opération précédente, c'est-à-dire une-*division*. Vous auriez donc $864 : 2 = 432$ fr.

Rapprochons ces deux opérations, et voyons les relations qui existent entre elles ; peut-être alors découvrirons-nous un moyen simple de faire la division des nombres composés.

J'appelle donc toute votre attention sur la disposition des calculs suivants :

OPÉRATIONS.

MULTIPLICATION.		DIVISION.

Multiplicande. 432
Multiplicateur. 2

Facteurs ou sous-multiples.

Divid. { Diviseur. / Quotient.

1er prod. part.	8^c..	$=$	4^c.. $\times$ 2	$=$	8^c.. 1er divid. part.
2e prod. part.	6^d.	$=$	3^d. $\times$ 2	$=$	6^d. 2e divid. part.
3e prod. part.	4^u	$=$	$2^u \times$ 2	$=$	4^u 3e divid. part.

Produit total. 864   432 $\times$ 2   864 *Dividende total.*

Quotient. Diviseur.

Remarquez — **mes amis** — que, contrairement à la règle, nous avons effectué la multiplication par la gauche, afin de mettre en regard les produits et les dividendes partiels ; cette disposition a le double avantage de faire mieux ressortir ces derniers, et de faire voir pourquoi il faut commencer la division par la gauche : elle deviendra du reste plus sensible encore, lorsque les produits partiels seront plus grands que 9.

Il suffit de jeter les yeux sur les *égalités* ci-dessus, pour reconnaître que les *produits partiels* et les *dividendes partiels* sont égaux respectivement ; que de même que le *produit total 864* se compose des *trois produits partiels* 8 centaines, 6 dixaines et 4 unités, de même le *dividende total 864* se compose des *trois dividendes partiels* 8 centaines, 6 dixaines et 4 unités.

Donc :

Il y a, dans une division de nombres composés, autant de dividendes partiels, qu'il y a de produits partiels dans la multiplication qui a fourni le dividende.

Par conséquent :

On a à faire autant de divisions que le dividende total contient de dividendes partiels , et chaque quotient partiel est toujours de même ordre que son dividende partiel.

Mais ces *divisions partielles* sont toujours faciles à exécuter, car elles ne contiennent ordinairement que de petits nombres.

Ainsi, dans l'exemple ci-dessus , les dividendes partiels étant moindres que 10 , l'opération se réduit à *trois divisions de nombres simples* qu'il est facile d'exécuter, soit à l'aide de la table de Pythagore , soit au moyen de la table de division. En effet , nous avons à diviser *8 centaines par 2, 6 dixaines par 2 et 4 unités par 2*; c'est-à-dire que nous avons à chercher par quelle partie du quotient, il faudra d'abord multiplier le diviseur 2 pour avoir 8 centaines au produit , puis par quelle autre partie du quotient il faudra le multiplier pour avoir 6 dixaines au produit, et par quelle autre partie du quotient, il faudra enfin le multiplier pour avoir 4 unités au produit.

Le quotient devra donc avoir *trois parties* , c'est-à-dire *trois ordres d'unités*.

Mais quelle sera la nature de chacune de ces unités ?

Rien n'est plus facile à découvrir, en observant :

Que des unités , multipliées par des unités, donnent au produit des unités ;

Que des unités , multipliées par des dixaines, donnent au produit des dixaines ;

Que des unités , multipliées par des centaines , donnent au produit des centaines.

Par conséquent :

Le premier dividende partiel exprimant des centaines , la

partie du quotient qui l'a fourni ne pourra exprimer que des centaines : donc le premier chiffre du quotient sera des centaines ;

Le deuxième dividende partiel exprimant des dixaines , la partie du quotient ne pourra exprimer que des dixaines : donc le deuxième chiffre du quotient sera des dixaines ;

Le troisième dividende partiel exprimant des unités , la partie du quotient qui ne pourra exprimer que des unités : donc le troisième chiffre du quotient sera des unités.

Appliquant ce raisonnement aux trois divisions partielles que nous avons à faire , nous trouvons que :

$$8^c \ldots, \text{divisées par } 2, \text{ donnent } 4^c \ldots ; \text{ car } 2 \times 400 = 800$$
$$6^d ., \text{ divisées par } 2, \text{ donnent } 3^d . ; \text{ car } 2 \times 30 = 60$$
$$4^u \text{ divisées par } 2, \text{ donnent } 2^u; \text{ car } 2 \times 2 = 4$$
$$864 \quad : \quad 2, \quad = \quad 432; \text{ car } 2 \times 432 = 864$$

Voici la manière de disposer l'opération pour xécuter la division :

On écrit le diviseur à la droite du dividende , et sur une même ligne ; on sépare ces deux nombres par un trait vertical, et on souligne le tout : le quotient s'écrit sous le diviseur.

DIVISION.

DIVIDENDE TOTAL.....864	2 DIVISEUR.
...	
1er *dividende partiel*........8..	
Produit de 2 par 4 centaines..8..	4.. Centaines.
2e *dividende partiel*.......06.	
Produit de 2 par 3 dixaines....6.	3. Dixaines.
3e *dividende partiel*.........04	
Produit de 2 par 2 unités......4	2 Unités.
RESTE.......0	432 QUOTIENT TOTAL.

Quotients part.

Et l'on dit:

En 8 centaines, combien de fois 2 unités ? Il y a 4 centaines,
car $2^u \times 4^c = 8_c$; j'écris donc 4^c au quotient et 8_c sous le
1er dividende partiel : je retranche 8 de 8 , et j'ai pour 1er
reste 0. — A la droite de ce reste j'abaisse 6, et j'ai le 2e
dividende partiel. *En 6 dixaines, combien de fois 2 unités ?*
Il y a 3 dixaines, car $2^u \times 3^d = 6^d$; j'écris donc 3^d au quotient et 6^d sous le 2e dividende partiel ; je retranche 6 de 6,
et j'ai pour 2e reste 0. — A la droite de ce reste j'abaisse 4 ,
et j'ai le 3e dividende partiel. *En 4 unités, combien de fois*
2 unités ? Il y a 2 unités, car $2^u \times 2^u = 4^u$; j'écris donc 2_u au
quotient et 4^u sous le 3e dividende partiel : je retranche 4
de 4 , et j'ai pour 3e reste 0. — Tous les dividendes partiels
ayant été successivement abaissés et les soustractions effec-
tuées , la division est terminée ; et le quotient se trouve composé de 4 centaines , de 3 dixaines et de 2 unités : donc il
est de 432 unités. En effet , $2 \times 432 = 864$.

Mais les divisions partielles ne donnent pas toujours
0 pour reste , le plus souvent, après la soustraction, il
vient un ou plusieurs chiffres significatifs qui proviennent
des reports fournis par la multiplication : car , vous le
savez, lorsqu'on multiplie un nombre par un autre, on
ajoute au produit de chaque colonne le nombre retenu
de la colonne précédente. Le plus souvent aussi le dividende ne contient pas un nombre exact de fois le diviseur, ce qui arrive quand la dernière soustraction laisse
un reste , lequel doit toujours être plus petit que le
diviseur. Dans ce cas , *le dividende égale le produit du*
diviseur par le quotient plus le reste. (*)

Prenons un exemple pour mieux fixer vos idées.

(*) Le *reste* de la division représente une portion du dividende qui n'a
pu être divisée par le diviseur : c'est ce qu'il faudrait retrancher du dividende pour que le diviseur y fût contenu un nombre *exact* de fois. Le

Soit le nombre 864 à diviser par 7.

Le dividende 864 est formé de deux parties : *1° du produit du diviseur par le quotient, 2° du reste.* Supposons ces deux parties connues, afin de pouvoir mettre en évidence les éléments qui entrent dans la composition du dividende 864.

OPÉRATIONS.

MULTIPLICATION.

Multiplicande.	. 7	
Multiplicateur.	.123	Facteurs.

7×100	$=$	700	1ᵉʳ produit partiel.
7×20	$=$	140	2ᵉ produit partiel.
7×3	$=$	.21	3ᵉ produit partiel.
		..3	

DIVISION,

DIVIDENDE.	.864	7...	DIVISEUR.
1ᵉʳ divid. part.	8..		
7×100	7..	100	1ᵉʳ quotient partiel.
2ᵉ divid. part.	16.		
7×20	14.	.20	2ᵉ quotient partiel.
3ᵉ divid. part.	24		
7×3	21	..3	3ᵉ quotient partiel.
Reste...	3	123	QUOTIENT TOTAL.

Remarquez qu'ici les dividendes partiels ne sont pas égaux aux produits partiels, *à cause des reports.*

---

quotient n'est qu'*approximatif* ou *incomplet*, quand la division donne un reste ; il se compose alors d'une première partie exprimant des *unités entières*, et d'une seconde partie *plus petite* que l'unité, que l'on écrit à droite du quotient entier, sous la forme d'une division *indiquée*. Ainsi le véritable quotient de 864 : 7 est 123 3/7 que l'on énonce 123 unités, *trois septièmes.*

En effet :

Le premier dividende partiel 8 est formé de *7 centaines*, produit du diviseur 7 par la centaine du quotient, plus *1 centaine* donnée par le report de la multiplication du diviseur 7 par les 2 dixaines du quotient ; cette centaine est précisé- ment le reste de la 1re soustraction, à la droite duquel on a abaissé le chiffre 6 du dividende total : ce qui a donné *16 pour deuxième dividende partiel.* Mais ce dividende est for- mé de *14 dixaines*, produit du diviseur 7 par les deux dixaines du quotient, et de *2 dixaines* provenant du report de la multiplication du diviseur 7 par les trois unités du quo- tient ; ces deux dixaines sont précisément le reste de la 2e soustraction, à la droite duquel on a abaissé le chiffre 4 du dividende total : ce qui a donné *24 pour troisième dividende partiel.* Mais ce dividende est formé de *21 unités*, produit du diviseur 7 par les 3 unités du quotient, et d'*un reste 3*, qui ressort après la dernière soustraction effectuée.

Ainsi donc — **BICH ANLS** — dans la division, qui n'est que la décomposition de la multiplication, on doit toujours retrouver à chaque division partielle les *reports* des multiplications partielles ; et ce sont ces *reports* qui ressortent comme RESTES, et qui forment, avec les *chiffres successivement abaissés du dividende total*, les DIVIDENDES PARTIELS.

Si, dans la division d'un nombre composé par un nombre simple, il arrive que le *premier chiffre* du dividende soit *plus petit* que le diviseur, il faut alors chercher combien de fois le diviseur est contenu dans les *deux premiers chiffres* du dividende. Mais si, après une soustraction il ne reste rien et que le chiffre abaissé soit *moindre* que le diviseur, on écrit alors un zéro au quotient, et on abaisse le chiffre suivant du dividende, s'il y en a. (*)

De ce qui précède nous pouvons déduire la *règle particulière qui suit :*

(*) La raison de ces deux cas se tire du principe général que le dividende partiel doit contenir le diviseur pour que le quotient partiel correspondant soit un chiffre significatif.

84. — Pour diviser un nombre composé de deux et de plus de deux chiffres par un nombre simple, *on divise par ce nombre simple, successivement, chacune des parties du nombre composée, en commençant par les unités les plus élevées, et en convertissant ce qui reste de chacune de ces parties en unités de l'ordre qui les suit immédiatement à droite.*

QUESTIONNAIRE.

84. — *Comment peut-on diviser un nombre composé de deux et de plus de deux chiffres par un nombre simple?*

EXERCICES PRATIQUES.

276. La multiplication n'est-elle pas la *décomposition* de la division ?

277. Combien y a-t-il de *dividendes partiels* dans une division ?

278. Qu'appelle-t-on *dividende partiel? — Quotient partiel?*

279. Quand les multiplications partielles n'ont pas donné de reports, à quoi sont *égaux* les dividendes partiels?

280. Quelle *espèce d'unité* obtient-on quand on multiplie le diviseur par les *centaines* du quotient ? — par les *dixaines* ? — par les *unités* ?

281. De quelle *nature* est chaque quotient partiel ?

282. Comment *dispose-t-on* l'opération pour exécuter la division? — Comment *procède-t-on*?

283. Les divisions partielles donnent-elles toujours zéro pour reste ?

284. Quand la division est-elle dite *exacte* ?

285. A quoi est *égal* le dividende lorsqu'il y a un reste?

286. Que représente le *reste de la division?*

287. D'où proviennent les *restes* des divisions partielles?

288. Les dividendes partiel sont-ils toujours *égaux* aux produits partiels?

289. De quoi se composent les *dividendes partiels*, quand il y a un reste?

290. Que fait-on lorsque dans une division de nombre composé par un nombre simple, le premier chiffre du dividende est *plus petit* que le diviseur?

291. Comment se fait la division quand, après une soustraction, il ne reste rien et que *le chiffre abaissé est moindre* que le diviseur?

292. Divisez *successivement* par les nombres simples tous les nombres composés compris entre 10 et 100, en indiquant les quotients et les restes. (*)

(*) Les élèves doivent pouvoir donner sur le champ les quotients et les restes de ces petites divisions qui sont la base de divisions plus compliquées, et qui sont une excellente préparation aux calculs de tête. Aussi, les maîtres doivent insister sur la pratique de ces exercices, sans laquelle il est impossible d'exécuter les divisions de nombres composés avec promptitude et précision. Ils pourront très-avantageusement laisser aux élèves d'une même classe la tâche de se questionner eux-mêmes, ce qui fera naître l'émulation parmi eux et jettera de la variété dans le travail. Sous ce double rapport on ne saurait trop recommander l'emploi du moyen suivant, dont l'expérience a prouvé l'efficacité : — *Les élèves s'interrogent à tour de rôle, après avoir choisi, sur l'objet de la leçon, des questions que le maître a soin de faire poser clairement; l'élève d'un rang inférieur qui y répond, plus tôt et mieux que l'élève avant lui, prend la place de celui-ci.* « Il serait impossible — dit M. RAPET — d'imaginer un exercice qui jette plus d'animation dans une classe : celle qui est ordinairement languissante acquiert tout à coup une vie nouvelle. L'écolier le plus timide prend de la hardiesse, le plus lent et le plus indolent devient actif et plein d'émulation. Les élèves, sans s'en douter, s'instruisent mutuellement, et la tâche ennuyeuse de la répétition devient un exercice attrayant et un feu croisé de questions adroitement posées. » Ce procédé, suivi avec tant de succès en Angleterre, n'a pas seulement pour but d'apprendre à compter, mais d'habituer les élèves à parler avec clarté et précision, double qualité qui leur manque généralement.

ENTRETIEN XXXIII.

Division des nombres composés.

RÈGLE, EXEMPLE, DÉMONSTRATION.

Ce que vous savez déjà de la division vous mettra à même de bien comprendre et de bien appliquer a *règle générale* que voici :

85. — RÈGLE. — POUR DIVISER DEUX NOMBRES ENTIERS L'UN PAR L'AUTRE : — On écrit *le diviseur à la droite du dividende :* on sépare *ces deux nombres par un trait vertical, et* on souligne *le tout. — On prend sur la gauche du dividende assez de chiffres pour contenir le diviseur une fois au moins et neuf fois au plus ; on cherche combien de fois ce* PREMIER DIVIDENDE PARTIEL *contient le diviseur : le quotient que l'on obtient est le premier chiffre du quotient total, on l'écrit sous le diviseur. On multiplie le diviseur par ce premier chiffre ; on retranche le produit du premier dividende partiel, et l'on écrit le reste au-dessous. — A la droite de ce reste on abaisse le chiffre suivant du dividende total, ce qui donne le* DEUXIÈME DIVIDENDE PARTIEL ; *on cherche combien de fois ce deuxième dividende partiel contient le diviseur : le quotient que l'on obtient est le deuxième chiffre du quotient total, on l'écrit à droite du premier. On multiplie le diviseur par ce deuxième chiffre ; on retranche* *le produit du deuxième dividende partiel, et l'on écrit le reste au-dessous. — A la droite de ce reste on abaisse le chiffre suivant du dividende total, et l'on continue la même opération jusqu'à ce qu'on ait abaissé le dernier chiffre du dividende.*

86. — **EXEMPLE.** — Soit le nombre 699 678 a diviser par 567.

J'écris, suivant la règle, le diviseur à la droite du dividende ; je sépare ces deux nombres par un trait vertical, et je souligne le tout.

DIVISION.

1er *dividende partiel*...............

	DIVIDENDE. 699 678	567 DIVIS.	Unités, Dixaines, Centaines, Mille,
Produit de 567 par 1 mille..........	567 ...	1 2 3 4 QUOT.	
2e *dividende partiel*, formé du 1er reste 132, à la droite duquel on a abaissé le chiffre 6 du dividende total.	132 6..		
Produit de 567 par 2 centaines........	113 4..		
3e *dividende partiel*, formé du 2e reste 192, à la droite duquel on a abaissé le chiffre 7 du dividende total.	.19 27.		
Produit de 567 par 3 dixaines.........	.17 01.		
4e *dividende partiel*, formé du 3e reste 226, à la droite duquel on a abaissé le chiffre 8 du dividende total.	..2 268		
Produit de 567 par 4 unités..........	..2 268		
Dernier reste......................	0		

Et je dis, en prenant sur la gauche du dividende total autant de chiffres qu'il en faut pour contenir le diviseur, ce qui donne le *1er dividende partiel* ;

10

En 699 combien de fois 567, ou, pour plus de facilité., *en 6 combien de fois 5 ?* UNE FOIS. J'écris 1 au quotient, je multiplie 567 par 1 et j'ai 567 que j'écris sous le 1er dividende partiel ; je retranche 567 de 699, j'ai pour premier reste 132 : à la droite de 132 j'abaisse 6, ce qui donne 1326 pour deuxième dividende partiel. — *En 1326 combien de fois 567,* ou plutôt *en 13 combien de fois 5 ?* DEUX FOIS. J'écris 2 au quotient, je multiplie 567 par 2, et j'ai 1134 que j'écris sous le deuxième dividende partiel ; je retranche 1134 de 1326, j'ai pour deuxième reste 192 : à la droite de 192 j'abaisse 7, ce qui donne 1927 pour troisième dividende partiel. — *En 1927 combien de fois 567,* ou plutôt *en 19 combien de fois 5 ?* TROIS FOIS. J'écris 3 au quotient; je multiplie 567 par 3, et j'ai 1701 que j'écris sous le troisième dividende partiel ; je retranche 1701 de 1927, j'ai pour troisième reste 226 : à la droite de 226 j'abaisse 8, ce qui donne 2268 pour quatrième dividende partiel. — *En 2268 combien de fois 567,* ou plutôt *en 22 combien de fois 5 ?* QUATRE FOIS. J'écris 4 au quotient, je multiplie 567 par 4 et j'ai 2268 que j'écris sous le quatrième dividende partiel 2268 ; je retranche 2268 de 2268, j'ai pour quatrième reste 0 : or, comme c'est le dernier reste, la division est exacte et 1234 est le quotient de 699 678 par 567 : — En effet : 567 $\times$ 1234 = 699 678.

Ainsi donc, pour trouver chaque chiffre du quotient, il faut *diviser, multiplier, soustraire* et *abaisser un chiffre.*

Il me reste maintenant — **mes amis** — à vous prouver que la *règle générale* ci-dessus conduit bien à trouver le quotient cherché. (*)

Je vous ai dit et démontré que *la division est la décomposition d'une multiplication effectuée.* Voyons donc de quoi se compose le dividende total 699 678, produit des facteurs 567 et 1234.

(*) Cette *théorie* de la division pourra être passée à une première lecture, ou n'être apprise que par les élèves les plus intelligents.

OPÉRATION.

```
DIVISEUR.............567 ⎫
QUOTIENT...........1234 ⎭  Facteurs du produit.
```

567	×	1000	=	567000.	1er prod. part. ou des mille.
567	×	200	=	113400.	2e prod. part. ou des cent.
567	×	30	=	17010.	3e prod. part. ou des dix.
567	×	4	=	2268.	4e prod. part. ou des unités.

DIVIDENDE TOTAL — 699678 — PRODUIT TOTAL.

Ce dividende 699 678, ou plutôt ce produit total se compose donc de quatre produits partiels : 1° *du produit de 567 par 1 mille*, 2° *du produit de 567 par 2 centaines*, 3° *du produit de 567 par 3 dixaines*, 4° *du produit de 567 par 4 unités*. Mais le produit de 567 par le chiffre des mille, est tout entier dans les 699 mille du produit total ; tandis que les trois autres produits partiels de 567 par les chiffres des centaines, des dixaines et des unités, se trouvent confondus dans tout le produit total 699 678. Il y aurait donc impossibilité de découvrir ces derniers dans le dividende total, tandis qu'on en peut aisément faire ressortir le produit de 567 par le chiffre des mille ; en effet : les 699 mille du produit total contiennent d'abord les 567 mille donnés par la multiplication de 567 par 1 mille, et ensuite les 132 mille $(113^m + 17^m + 2^m)$ provenant des autres multiplications partielles.

Donc *il faut commencer la division par la gauche du dividende*, ainsi que l'indique la RÈGLE.

Cette manière d'opérer conduit directement à la recherche des plus hautes unités du quotient. On doit donc pouvoir dire tout d'abord quel sera l'ordre de ces unités. Rien de plus facile à déterminer, en observant que *diviser 699 678 par 567, c'est chercher par quel nombre il faut multiplier 567 pour obtenir au produit 699 678*. Or, en comparant le diviseur au dividende, il est évident que le quotient contien-

dra : 1° des *unités simples*, car 567 $\times$ 1 = 567 $\prec$ 699
678 ; 2° des *dixaines*, car 567 $\times$ 10 = 5670 $\prec$ 699 678 ;
3° dès *centaines* , car 567 $\times$ 100 = 56700 $\prec$ 699 678 ;
4° des *mille*, car 567 $\times$ 1000 = 567 000 $\prec$ 699 678 ;
5° mais point de dixaines de mille, car 567 $\times$ 10 000 =
6690 000 $\succ$ 699 678. Les *plus hautes unités* du quotient seront donc des MILLE. Le quotient sera donc composé d'*unités de mille* , de *centaines*, de *dixaines* et d'*unités simples*.
Donc le dividende se composera des *produits partiels du diviseur* multiplié par les *mille*, par les *centaines*, par les
dixaines et par les *unités simples* du quotient. Il faut donc
chercher le nombre des mille du quotient. Or , le produit
du diviseur par le chiffre des mille du quotient doit donner
des *mille* ; donc ce produit partiel ne peut se trouver que
dans les *699* MILLE du dividende total, ainsi que le démontre
l'opération ci-dessus. Il ne reste plus qu'à chercher combien de fois le diviseur 567 est contenu dans le premier
dividende partiel 699, de faire le produit du diviseur par
le premier chiffre trouvé du quotient et de le retrancher du
premier dividende partiel.

Donc *il faut prendre sur la gauche du dividende total assez
de chiffres pour avoir un premier dividende partiel qui contienne le diviseur*, ainsi que l'indique la RÈGLE.

Il faut maintenant chercher le chiffre des *centaines* du
quotient. Or , le produit du diviseur par le chiffre des
centaines du quotient doit donner des *centaines* ; donc ce
produit partiel ne peut se trouver que dans les *6 centain e*
du dividende total et dans les *132 mille* ou *1320 centaines*
qui restent de la division précédente. Il faut donc ajouter
ces 6 centaines à ces 132 mille , ce qui se fait en *abaissant*
le chiffre 6 du dividende total et ce qui donne par conséquent *1326* CENTAINES *pour deuxième dividende partiel.*

Donc *il faut abaisser à la droite du premier reste le chiffre
suivant du dividende total pour avoir le deuxième chiffre du
quotient*, ainsi que l'indique la RÈGLE.

Le produit du diviseur par les dixaines du quotient devant exprimer des *dixaines*, il est évident qu'il faudra chercher le chiffre des dixaines du quotient dans les *7 dixaines* du dividende total et dans les *192 centaines* ou *1920 dixaines* que restent de la division précédente ; ce qui conduit encore à *abaisser* à la droite de ce reste le chiffre 7 du dividende total, pour avoir le *troisième dividende partiel* qui est *2927* DIXAINES.

Donc *il faut abaisser à la droite du deuxième reste le chiffre suivant du dividende total pour avoir le troisième chiffre du quotient*, ainsi que l'indique la RÈGLE.

Enfin, par un raisonnement semblable , il est facile de prouver que le chiffre des *unités* du quotient se trouvera dans les *8 unités* du dividende total et dans les *226 dixaines* ou *2260 unités* qui restent de la division précédente ; ce qui conduit encore à *abaisser* à la droite de ce reste le chiffre 8 du dividende total, pour avoir le *quatrième et dernier dividende partiel* qui est *2268* UNITÉS.

Donc *il faut enfin abaisser à la droite du troisième reste le chiffre suivant et dernier du dividende total, pour avoir le quatrième et dernier chiffre du quotient*, ainsi que l'indique la RÈGLE.

Donc 1254 est le véritable quotient.

En effet, en observant la *règle générale*, on a soustrait du dividende total le produit du diviseur multiplié successivement par 1 mille, 2 centaines, 3 dixaines et 4 unités, ou enfin par 1254, après avoir déterminé successivement le nombre de fois que le diviseur est contenu dans chaque dividende partiel , et par conséquent le nombre de fois qu'il est contenu dans le dividende total.

Donc :

87. DÉMONSTRATION. — EN OPÉRANT SUI-VANT LA RÈGLE DE LA DIVISION , *on a succes-*

sivement retranché le diviseur du dividende autant de fois qu'il y était contenu : ce qui donne le QUOTIENT.

QUESTIONNAIRE.

85. — *Quelle est la règle générale de la division des nombres entiers ?*

86. — *Expliquez cette règle par un exemple ?*

87. — *Démontrez que cette règle donne le quotient ?*

EXERCICES PRATIQUES.

C'est par la multiplication que l'on habituera les élèves à la pratique si difficile de la division, en leur faisant multiplier un nombre par un autre, et diviser *alternativement* le produit par l'un des deux facteurs ; ils trouveront toujours aisément l'autre facteur au quotient, car ils sauront à l'avance quels chiffres il faudra y écrire.

293. Faire les multiplications suivantes, et les six divisions auxquelles elles donnent lieu :

$$(1^\circ)\ 365 \times 487 ; \quad (2^\circ)\ 9108 \times 254 ; \quad (3^\circ)\ 507 \times 608.$$

294. Vérifier l'exactitude des équations ci-dessous :

$$(1^\circ)\ 333 : 9 = 37 ; \quad (2^\circ)\ 598 : 13 = 46 ;$$

$$(3^\circ)\ 1001 : 77 = 13 ; \quad (4^\circ)\ 1008 : 5 = 201\ \tfrac{3}{5} ;$$

$$(5^\circ)\ 8216 : 34 = 241\ \tfrac{22}{34} ; \quad (6^\circ)\ 365\ 12 = 30\ \tfrac{5}{12} ;$$

$$(7^\circ)\ \frac{2\,2\,1\,1\,0\,8\,1\,7\,5\,4}{4\,2\,0\,5} = 516073.$$

ENTRETIEN XXXIV.

Division des nombres composés *(Suite.)*

USAGES ET PREUVE.

Les *usages de la division* sont aussi nombreux et aussi variés que ceux de la multiplication ; comme eux, ils s'appliquent à une infinité de questions relatives aux besoins de la vie.

88. — **USAGES.** — LA DIVISION SERT :

1° A PARTAGER *un nombre entier en un nombre donné de parties égales ;*

2° A CHERCHER *combien de fois un nombre entier contient un autre nombre entier plus petit ; (*)*

3° A RENDRE *un nombre donné autant de fois plus petit que l'indique un autre nombre entier ;*

4° A TROUVER *la valeur d'une chose, quand on connaît la valeur de plusieurs choses ;*

5° A DÉTERMINER *le nombre d'objets, lorsque l'on connaît le prix de plusieurs de ces objets et le prix d'un seul ;*

6° A CONVERTIR *les unités inférieures en unités supérieures,*

7° A FAIRE *la preuve de la multiplication.*

EXEMPLES.

1° Un père laisse à ses 6 enfants une fortune de 56 784 fr. ; quelle part revient à chaque héritier ? — *Solution* 56 784 : 6 = 9 464 fr.

2° Combien de fois 9 464 est-il contenu dans 56 784 ? — *Solution.* 56 784 : 9 464 = 6.

(*) Cette propriété s'applique au cas d'un diviseur plus grand que le dividende bien entendu : mais ce cas doit être traité lors de la théorie des décimales, des fractions en général et des rapports par quotient.

3° Rendre 6 fois plus petit le nombre 56 784. — *Solution*
56 784 : 6 = 9 464.

4° On achète 75 mètres de drap pour 1800 fr. ; quel est
le prix du mètre ? — *Solution*. 1800ᶠ : 75ᵐ = 24 fr.

5° Le mètre cube de maçonnerie sèche de fondations en
moëllons bruts est de 5 fr.; combien fera-t-on exécuter de
mètres cubes pour 735 fr. ? — *Solution*. 735ᶠ : 5ᶠ = 147
mètres.

6° Combien y a-t-il de jours dans 8760 heures ? —
Solution. 8760ʰ : 24ʰ = 365 jours.

7° Prouvez par le calcul que 8 760 est bien le produit
de 24 par 365. — *Solution*. 8760 : 24 = 365 ; 8760 : 365
= 24.

La multiplication et la division se servent mutuellement de preuve ; cela résulte de la *définition* même
de chacune de ces opérations. — En effet :

1° Le produit n'est autre chose que le multiplicande répété autant de fois qu'il y a d'unités au multiplicateur ; le
multiplicateur indique donc combien de fois le multiplicande
est contenu dans le produit : si donc on divise le produit
par l'un de ses facteurs, on doit retrouver l'autre au quotient. — 2° Le dividende étant un produit dont le diviseur
et le quotient sont les facteurs, si donc on multiplie le diviseur par le quotient, on doit avoir pour produit le dividende, quand le reste de la division est zéro : s'il y a un
reste significatif on l'ajoute au produit, parce qu'il fait partie
du dividende.

Donc :

89. — **PREUVE.** — POUR FAIRE LA PREUVE
DE LA DIVISION : — ON MULTIPLIE *le diviseur
par le quotient ;* ON AJOUTE *au produit* le RESTE *de
la division, s'il y en a un, et on doit trouver
pour résultat le dividende.*

C'est assez pour aujourd'hui ; allez — **mes amis** — vous récréer, et revenez de bon cœur ou travail. (*)

QUESTIONNAIRE.

88. — *Indiquez les principaux usages de la division ?*

89. — *Comment fait-on la preuve de la division ?*

EXERCICES PRATIQUES.

297. Faites la preuve de toutes les divisions qui précèdent.

ENTRETIEN XXXV.

Observations sur la Division.

I.

De la *définition* de la division, il résulte que :

1° — *Si le diviseur est égal à l'unité, le quotient sera égal au dividende ; et réciproquement : si le diviseur est égal au dividende, le quotient sera égal à l'unité.*

Par conséquent :

2° Si le divid. est *double* du divis , le quot. sera égal à 2.... 4 : 2 = 2
3° Si le divid. est *triple* du divis., le quot. sera égal à 3.... 6 : 2 = 3
4° Si le divid. est *quad.* du divis., le quot. sera égal à 4.... 8 : 2 = 4
5° Si le divid. est *quint.* du divis., le quot. sera égal à 5... 10 : 2 = 5
6° Si le divid. est *sextup.* du divis., le quot. sera égal à 6... 12 : 2 = 6
7° Si le divid. est *septup.* du divis., le quot. sera égal à 7... 14 : 2 = 7
8° Si le divid. est *octup.* du divis., le quot. sera égal à 8... 16 : 2 = 8

(*) XX.

N'aimez point le plaisir avec un fol excès,
Et que l'amour du jeu jamais ne vous emporte ;
Que l'ardeur du travail soit chez vous la plus forte,
Le devoir avant tout, et le plaisir après.

9° Si le divid. est *nonup.* du divis., le quot. sera égal à 9... 18 : 2 $=$ 9
10° Si le divid. est *déc.* (*) du divis., le quot. sera égal à 10.. 20 : 2 $=$ 10

Toutes les fois donc que le diviseur multiplié par 10 égalera le dividende ou sera plus petit, le quotient aura deux chiffres : il n'en n'aura évidemment qu'un, quand le dividende sera moindre que le décuple du diviseur.

II.

De ce qui précède, on peut tirer les *conséquences* suivantes :

1° — *Que si l'on rend le dividende 2, 3 4, 5..... fois plus grand, le quotient est rendu aussi 2, 3, 4, 5..... fois plus grand* : car le dividende contient le diviseur 2, 3, 4, 5..... fois plus qu'il ne le contenait d'abord ;

2° — *Que si l'on rend le diviseur 2, 3, 4, 5..... fois plus grand, le quotient est rendu 2, 3, 4, 5..... fois plus petit* : car le diviseur est contenu dans le dividende 2, 3, 4, 5..... fois moins qu'il ne l'était d'abord.

Donc :

Le quotient ne change pas, quand on rend le dividende et le diviseur le même nombre de fois plus grands.

On prouverait semblablement :

1° — Que si l'on rend le dividende un certain nombre de fois plus petit, le quotient devient le même nombre de fois plus petit.

2° — Que si l'on rend le diviseur un certain nombre de fois plus petit, le quotient devient le même nombre de fois plus grand.

(*) Ces expressions numériques *doubl*, *tripl*, *quadruple......* *décuple*, signifient respectivement *deux fois, trois fois, quatre fois,......* *dix fois.* PLUS GRAND.

Donc :

Le quotient ne change pas, quand on rend le dividende et le diviseur le même nombre de fois plus petits.

De la *règle générale* de la division, il résulte que :

1° — Toute division s'effectue en s'assurant, par essais ou tâtonnements (*), du nombre de fois que le diviseur est contenu dans le dividende.

2° — Il faut toujours commencer la division par la recherche du premier chiffre à gauche du quotient, qui en exprime les plus hautes unités et qui est toujours de même nature que le premier dividende partiel.

3° — Chaque fois qu'on abaisse un chiffre du dividende il faut poser un chiffre au quotient.

4° — Il y a autant de chiffres au quotient qu'il y a de chiffres à abaisser à la droite du premier dividende partiel, plus un.

(*) Mais ces essais ou tâtonnements seraient souvent longs et fastidieux, si l'on n'avait des moyens de les éviter Le premier qui se présente et qui ressort de la nature même de la division, est celui-ci : *Chercher combien de fois le premier chiffre du diviseur est contenu dans le premier ou les deux premiers chiffres du dividende, en tenant compte de la retenue donnée par la multiplication du second chiffre du diviseur par le chiffre du quotient que l'on essaie.* Avec un peu d'habitude, on trouve de suite le véritable chiffre du quotient. — Voici deux autres moyens plus sûrs pour découvrir ce chiffre : 1° *Diviser mentalement le dividende partiel par le chiffre du quotient qu'on vérifie ; si le quotient que l'on obtient est plus petit que le diviseur, le chiffre est trop fort. Ex* 5870 : 685. En 58 combien de fois 6 ? Supposons 9 fois, et vérifions : le neuvième de 58 et de 6 pour 54. et il reste 4 ; le neuvième de 47 est 5, mais il y a 8 au diviseur : le chiffre 9 est trop fort, c'est donc 8. — 2° *Augmenter d'une unité, par la pensée, le premier chiffre à gauche du diviseur lorsque le second chiffre surpasse 5, et augmenter d'autant le nombre d'unités de même ordre que renferme le dividende partiel.* Dans l'exemple ci-dessus, on dira : en 59 combien de fois 7 ? Il n'y a pas 9 fois, car 7 fois 9 font 63 ; donc il y a 8. — La pratique de ces deux moyens et d'un grand secours dans le calcul.

5° — Un chiffre écrit au quotient est trop fort, lorsque le produit du diviseur par ce chiffre est plus grand que le dividende partiel correspondant, et n'en peut être retranché.

6° — Un chiffre écrit au quotient est trop faible, lorsque le produit du diviseur par ce chiffre retranché du dividende partiel correspondant, donne un reste plus grand que le diviseur ou qui lui est égal.

7° — Un chiffre écrit au quotient est exact, lorsque le produit du diviseur par ce chiffre peut-être retranché du dividende partiel correspondant, et que le reste est plus petit que le diviseur.

8° Un reste doit toujours être plus petit que le diviseur.

9° Dans chaque division partielle, on ne doit jamais poser plus de 9 au quotient. (*)

IV.

La division étant une opération assez longue à exécuter, on a dû chercher les moyens de *l'abréger.* Voici les cas où l'on peut simplifier avantageusement les calculs.

1° — *Lorsque le diviseur est un nombre simple, on prend la moitié, le tiers, le quart, le cinquième, le sixième, le septième, le huitième ou le neuvième du dividende.*

Ex. — Soit à diviser 85274 par 2.

On dit: — La moitié de 8 est de 4 que l'on écrit sous le chiffre 8 ; la moitié de 5 est de 2 pour 4, il reste 1 (**) qui suivi de 2 donne 12 ; la moitié de 12 est de 6 , la moitié de 7 est de 3 pour 6, il reste 1 qui suivie de 4 donne 14 dont la moitié est 7. — Donc le quotient est 42637 ; en effet, $2 \times 42637 = 85284$.

(*) Chacun de ces principes pourra être donné à démontrer aux élèves les plus avancés.

(**) Chaque reste doit être ajouté, comme *dixaine,* au chiffre suivant.

DIVISION ORDINAIRE.   *DIVISION ABRÉGÉE.*

DIVID. 85274 | 2.... DIVIS.   DIVID. 85274 : 2 DIVISEUR.
   8 | 42637 QUOT.   *La moitié* 42637 ,   QUOTIENT.
  05
   4
  ——
  12
  12
  ——
  07
   6
  ——
  14
  14
  ——
   0

La division ordinaire est évidemment plus longue, surtout lorsque le dividende est un nombre considérable ; il y a donc avantage à employer la *division abrégée.* (*)

2° — *Lorsque le dividende et le diviseur sont des nombres composés, on fait à la fois les multiplications et les soustractions, sans écrire les produits partiels.*

Ex. — Soit à diviser 486971 par 532.

On dit : — En 48 combien de fois 5 ? Neuf fois. J'écris 9 au quotient. Mais au lieu de multiplier 532 par 9, et d'écrire le produit sous 4869 pour en faire la soustraction , je dis : 9 fois 2 font 18 ; 18 de 19, reste 1 que je pose et

(*) Plus les nombres sur lesquels on opère sont petits , plus les calculs sont faciles et moins sujets à erreur. Il y aura donc toujours avantage à réduire à leur plus simple expression les termes d'une division de nombres composés ; ce qui sera possible lorsque le dividende et le diviseur pourront être divisés successivement par 2, par 3, par 5, un même nombre de fois, sans reste.

Or , UN NOMBRE EST EXACTEMENT DIVISIBLE :

1° — *Par* 2, *lorsqu'il est pair, c'est-à-dire terminé par l'un des chiffres* 0, 2, 4, 6, 8. Ex. — 80, 82, 84, 86, 88 : 2 = 40, 41, 42, 43, 44.

retiens 1. Puis 9 fois 3, 27 et 1 de retenue, 28 ; 28 de 36, reste 8 que je pose, et retiens 3. Enfin 9 fois 5, 45 et 3 de retenue 48 ; 48 de 48, il ne reste rien. — J'abaisse le chiffre suivant 7 à la droite du reste 81, ce qui donne 817 pour deuxième dividende partiel ; et je dis : En 8 combien de fois 5 ? Une fois. J'écris 1 au quotient. 1 fois 2, 2 ; 2 de 7, 5. Puis 1 fois 3, 3 ; 3 de 11, 8 et retiens 1. Enfin 1 fois 5, 5 et 1 de retenue 6 ; 6 de 8, reste 2. — J'abaisse le chiffre suivant 1 à la droite du reste 285, et j'ai 2851 pour troisième dividende partiel, à l'égard duquel j'opère comme sur les deux premiers. (*)

2° — *Par 3, lorsque la somme des chiffres, ajoutés ensemble comme des unités simples, donne 3 ou un multiple de 3.* Ex. — 3672 : 3 = 1224 ; car 3 + 6 + 7 + 2 = 18, multiple de 3.

3° — *Par 5, lorsqu'il est terminé par 5 ou 0.* Ex. — 25, 250 : 5 = 5, 050.

SIMPLIFICATION.

Ainsi, la division de 10950 par 1050 peut être ramenée, par la simplification, à cette autre, beaucoup plus facile, 73 : 7, qui peut se faire de mémoire. La disposition des calculs, ci-contre, indique

	10950	:	1050
Par 2 =	5475	:	525
Par 3 =	1825	:	175
Par 5 =	365	:	35
Par 5 =	73	:	7
QUOTIENT....	10 + $\frac{3}{7}$		

suffisamment la manière de simplifier les termes d'une division de nombres composés. — On aurait pu tout d'abord diviser les deux termes par 10, en supprimant les 0 qui se trouvent à leur droite ; ensuite diviser par 3, puis par 5, comme dans le premier cas.

(*) Ce moyen de simplification est plus expéditif, mais il est moins intelligible ; aussi il ne faut l'enseigner que lorsque les élèves sont parfaitement initiés à la pratique de la division par le procédé général : autant que possible il faut les amener à découvrir eux-mêmes les moyens d'abréger les opérations, car *ce que l'on sait le mieux c'est ce que l'on devine.* —En Angleterre on fait toujours écrire au-dessous des dividendes partiels, les produits correspondants du diviseur par le quotient.

La démonstration de ce procédé est la même que celle de la *soustraction par compensation*. On ne fait, en effet, qu'augmenter, dans chaque soustraction partielle, le nombre supérieur et le nombre à soustraire d'une même quantité d'unités : donc les restes ne doivent pas changer.

DIVISION ORDINAIRE.   *DIVISION ABRÉGÉE.*

DIVID. 486971	532 DIVIS.	DIVID. 486971	532 DIVIS.
4788	915 QUOT.	817	915 QUOT.
0817		2851	
532		RESTE... 191	
2851			
2660			
RESTE.... 191			

La comparaison de ces deux opérations donne évidemment l'avantage à la *division abrégée.*

3° *Lorsque le dividende et le diviseur sont terminés par des zéros, on supprime dans chacun de ces nombres autant de zéros qu'il y en a à la droite de celui qui en contient le moins ; on effectue ensuite la division.*

La raison en est simple : en supprimant un même nombre de zéros sur la droite du dividende et du diviseur, on les rend tous deux un même nombre de fois plus petits ; donc le quotient doit rester le même.

4° *Lorsque le diviseur est l'unité suivie de 1 ou de plusieurs zéro., on sépare sur la droite du dividende, par la pensée ou par une virgule, autant de chiffres qu'il y a de zéros à la droite de l'unité ; la partie du dividende à gauche de la virgule est le quotient entier, et celle à droite le reste de la division.*

La raison en est simple et ressort du principe de

numération que vous connaissez. Ces deux cas de sim-
plication sont trop faciles à saisir, pour qu'il soit nécessaire de les appuyer d'exemples.

V.

Pour diviser un nombre par le produit de plusieurs facteurs, il suffit de diviser ce nombre successivement par
chacun des facteurs de ce produit.

Et réciproquement :

Pour diviser un produit par un nombre, il suffit de diviser
par ce nombre un des facteurs de ce produit.

Ces deux principes résultent de la nature même de
la multiplication et de la division.

VI.

La division est la seule des quatre opérations fondamentales qu'il soit nécessaire de commencer par la
gauche. Pourquoi ? C'est parce qu'il est toujours facile
de déterminer la partie du dividende qui renferme le
produit du diviseur par le chiffre des plus hautes unités
du quotient ; tandis qu'il serait presque toujours impossible, à cause des reports des produits partiels dont la
somme forme le dividende, de voir dans quelle partie de
ce dividende se trouvent les produits partiels du diviseur
par les plus petites unités du quotient. C'est ce qui a
été démontré dans la théorie de la division.

En résumé : — On commence la division par la gauche
pour mettre en évidence les produits partiels que l'on ob-
tiendrait en multipliant le diviseur par chacun des chiffres
du quotient, et pour pouvoir convertir les restes en unités
de l'ordre inférieur suivant.

QUESTIONNAIRE.

Quand le quotient est-il égal au dividende ? — Quand le quotient est-il égal à l'unité ? — A quoi est égal le quotient quand le dividende est double, triple, quadruple, quintuple, sextuple, septuple, octuple, nonuple, décuple du diviseur ? — Que devient le quotient quand on rend le dividende 2, 3, 4, 5 fois plus grand ? ou plus petit ? — Que devient le quotient quand on rend le diviseur 2, 3, 4, 5 fois plus grand ? ou plus petit ? — Change-t-on le quotient quand on rend le dividende et le diviseur le même nombre de fois plus grands ? ou plus petits ? — Comment découvre-t-on les chiffres du quotient ? — N'y a-t-il pas des moyens d'éviter les tâtonnements ? — Par où faut-il commencer la division ? — Que fait-on chaque fois qu'on abaisse un chiffre au dividende ? — Comment peut-on savoir d'avance combien il y aura de chiffres au quotient ? — Quand un chiffre écrit au quotient est-il trop fort ? — Quand est-il trop faible ? — Quand est-il exact ? — Que doit être le reste par rapport au diviseur ? — Dans chaque division partielle, peut-on obtenir plus de 9 au quotient ? — Quels sont les moyens d'abréger la division ? — Comment simplifie-t-on les termes d'une division ? — Quand un nombre est-il divisible par 2, par 3, par 5 ? — Comment divise-t-on un nombre par le produit de plusieurs facteurs ? — Comment divise-t-on un produit par un nombre ? — Pourquoi commence-t-on la division par la gauche ?

EXERCICES PRATIQUES.

La **DIVISION MENTALE** ne présente pas de difficulté :

1° — *Quand le diviseur est l'unité suivie de zéros.* Car alors il suffit de séparer sur la droite du dividende, par la pensée, autant de chiffres qu'il y a de zéros à la droite du diviseur : la partie séparée à gauche est le quotient, celle à droite est le reste. — Ex. 456 : 10 = 45, 6 ou $45\frac{6}{10}$.

2° — *Quand le diviseur est un des nombres simples.* Car

alors il suffit de diviser successivement chaque partie du dividende , en commençant par les plus élevées , et de réunir tous les quotients partiels au fur et à mesure qu'on les obtient. — Ex. 846 : 4. On dit le quart de 8^c est 2^c, le quart de 4^d est 1^d, or , 2^c ou $20^d + 1^d = 21^d$; le quart de 6^u est 1^u plus un reste 2, or 21^d ou $210^u + 1^u = 211^u$: donc le quotient est $211 + \frac{2}{4}$.

3° — *Quand le diviseur renferme autant d'unités , ou de dixaines, ou de centaines , etc. , qu'il y a d'unités dans le diviseur.* Car, alors le quotient est toujours 1 , ou 10 , ou 100, etc. — Ex. 9 : 9 = 1 ; 90 : 9 = 10 ; 900 : 9 = 100.

4° — *Quand le diviseur est 11 et le dividende le produit de 11 par un nombre simple.* Car alors le quotient est toujours l'un des deux chiffres semblables du dividende. — Ex. 22 : 11 = 2 ; 55 : 11 = 5 ; 99 : 11 = 9. (*)

(*) Voici un moyen aussi facile qu'ingénieux de diviser un nombre quelconque par 11 : — Il suffit de soustraire du dividende autant de séries de deux chiffres égaux qu'il est possible, en commençant par la gauche et en prenant pour chiffres de série le premier chiffre du dividende partiel que l'on considère, si la soustraction peut se faire, et, au cas contraire, ce premier chiffre diminué d'une unité : les premiers chiffres à gauche des séries expriment les chiffres du quotient. — Ex. 79695 : 11 et 72426 : 11.

OPERATIONS.

		DIVIDENDES		
	79695		72426	
1ʳᵉ série.	77...		66...	1ʳᵉ série.
	.2695		.6426	
2ᵉ série.	.22..		.55..	2ᵉ série.
	..495		..926	
3ᵉ série.	..44.		..88.	3ᵉ série.
	...55		...46	
4ᵉ série.	...55		...44	4ᵉ série.
	0	RESTES	2	
	7245	QUOTIENTS	6584	

5e — *Quand le diviseur est* 25. Car alors il suffit de multiplier le dividende par 4, et de séparer les deux chiffres à
droite du produit : les chiffres restants sont le quotient. —
Ex. 350 : 25 = $\frac{350 \times 4}{100}$ = $\frac{1400}{100}$ = 14.

6° — *Quand le diviseur est* 50. Car alors il suffit de multiplier le dividende par 2, et de séparer les deux chiffres à
droite du produit : les chiffres restants sont le quotient. —
Ex. 350 : 50 = $\frac{350 \times 2}{100}$ = $\frac{700}{100}$ = 7.

7° — *Quand le diviseur est* 75. Car alors il suffit de multiplier le dividende par 4, et de diviser le produit par 300 ,
(ce qui se fait facilement en séparant les deux chiffres de
droite, et en prenant le tiers du résultat.) — Ex. 1500 : 75
= $\frac{1500 \times 4}{300}$ = 6000 : 300 = 60 : 3 = 20. (*)

8° — *Quand le diviseur est un nombre simple suivi de zéros.*
Car alors il suffit de séparer sur la droite du dividende autant de chiffres qu'il y a de zéros à la droite du diviseur, et
de diviser le résultat par le nombre simple. — Ex. 4553 :
70 = 455 , 3 : 7 = 65 $\frac{3}{7}$.

9° — *Quand le diviseur est le produit de deux facteurs
simples.* Car alors il suffit de diviser d'abord par l'un des
facteurs, et le résultat par l'autre facteur. — Ex. 345 : 15
= 345 : 5 = 69 : 3 = 23.

(*) Quand la partie séparée à droite du dividende est exprimée par des
chiffres significatifs, on obtient le véritable reste de la division en prenant
le *quart* si le diviseur est 25, et la *moitié* s'il est 50 ; et si le diviseur est
75, après avoir pris le *tiers*, on ôte le *quart* de cette partie et l'on a le véritable reste. — Dans beaucoup d'autres cas, on peut encore avantageusement remplacer, dans le calcul de tête, la division par la multiplication
au moyen des multiplicateurs *décimaux* que nous ferons connaître dans
la deuxième partie de nos entretiens.

Lorsque l'on ne peut pas décomposer le diviseur en facteurs simples, force est de diviser en une fois ; ce qui est difficile, quand les divisions sont longues. On cherche alors à *simplifier* les deux termes de la division pour les ramener à des nombres simples ; mais si la simplification est impossible, on applique la RÈGLE suivante :

RÈGLE GÉNÉRALE. — *On divise d'abord les unités les plus élevées de manière à avoir 10, ou 100, ou 1000 pour quotients partiels ; puis on divise successivement les unités restantes, et l'on réunit les divers quotients obtenus : leur somme est le quotient cherché.*

Ex. 8 en 128, 7 en 245 et 36 en 904 ?

(1°)   8 en   80 = 10 fois ; 128 — 80 = 48.
       8 en   48 = 6 fois ; 48 — 48 = 0.
       ____
       8 en 128 = 16 fois ; avec un reste 0.

(2°)   7 en   70 = 10 fois ; 245 — 70 = 175.
       7 en   70 = 10 fois ; 175 — 70 = 105.
       7 en   70 = 10 fois ; 105 — 70 = 35.
       7 en   35 = 5 fois ; 35 — 35 =   0.
       ____
       7 en 245 = 35 fois ; avec un reste 0.

(3°)   36 en 360 = 10 fois ; 904 — 360 = 544.
       36 en 360 = 10 fois ; 544 — 360 = 184.
       36 en 184 = 5 fois ; 184 — 180 =   4.
       ____
       36 en 904 = 25 fois ; avec un reste 4.

Cette règle et les moyens mécaniques qui la précèdent, suffisent pour résoudre *mentalement* toutes les divisions que l'on rencontre dans les usages de la vie ; cependant il faut reconnaître que s'il est utile, dans la multiplication mentale, de posséder à fond le GRAND LIVRET, cet exercice de mémoire est encore plus avantageux dans la division. Au surplus ce n'est que par des exercices nombreux et variés, que les élèves acquerront une certaine habileté dans la pratique de la division mentale. Tels sont ceux qui suivent :

296. Combien de fois 10 en 20, 30, 40, 50, 60, 70, 80, 90, 100 ? — 8 en 80, 800, 8000, 80000 ? — 11 en 22, 33, 44, 55, 66, 77, 88, 99 ? — 25, 50, 75 en 1125 ? — Chacun des nombres simples en 45360 ? — Chacun de ces mêmes nombres suivis de un, deux, trois zéros, en 365 400 ? — 35 (7 $\times$ 5) en 1610 ? — 11 en 45360 ?

297. Combien de fois peut-on retrancher 23 de 46, 69, 92, 115, 138, 161, 184, 207, 230 ?

298. Quel nombre doit-on prendre 5 fois pour avoir 75 + 50 — 25 ?

299. Quel est le nombre qui, augmenté de son décuple, devient égal à la somme des neuf premiers nombres ?

300. Si l'on augmente un nombre de son double et de son triple, on obtient 510. — Quel est ce nombre?

301. Combien de semaines font 365 jours ?

302. Combien y a-t-il d'heures dans 1540 minutes, et de jours dans 8760 heures ?

303. Un père a 60 ans et son fils 15. — Combien de fois le père est-il aussi âgé que le fils?

304. Albert, pour embarrasser Léon, lui dit : J'ai 21 — 9 ans, et j'ai 5 fois l'âge de mon frère. — Que doit répondre Léon ?

305. Un rentier a un revenu annuel de 2190 fr., un autre un revenu mensuel de 84 fr., et un troisième un revenu hebdomadaire de 56 fr. — Quel est le revenu quotidien de chacun ?

306. Un élève achète une grosse (12 douzaines) de plumes métalliques, et il en use 6 en 4 semaines. — Pour combien de jours en aura-t-il ?

307. Une somme d'argent monnayée en pièces de 5 fr. pèse 1875 grammes, et une autre 25,000. — Combien contiennent-elles de pièces et quelle en est la valeur. (1 franc pèse 5 grammes.)?

308. Combien y a-t-il d'heures, de jours, de semaines dans 525600 minutes ?

309. Un coup de canon est tiré à 5000 mètres, et le son parcourt 340 mètres par seconde. — Combien de temps, après l'explosion, le son sera-t-il entendu ?

310. Un oncle laisse à ses neveux une somme de 562 880 fr. à partager de la manière suivante : A le neuvième, B le huitième du reste, C le septième du reste, D le sixième du reste, E le cinquième du reste, F le quart du reste, G le tiers du reste, H la moitié du reste, et la part de I le reste final qui est de 40,320 fr. — Calculer la part de chaque héritier.

311. En 1844, il existait en France 7599 bureaux de bienfaisance, dont le revenu annuel était de 13 557 836 fr., qui ont été distribués à environ 900 000 malheureux. — Quelle a été la part de chacun, et quelle aurait dû être celle de chaque bureau si la répartition des ressources eût été égale pour tous ?

312. Le nombre des notaires en France est de 9846, et le nombre des actes notariés de 3 485 484. — Combien chaque notaire rédige-t-il d'actes en moyenne ?

313. En 1851, la population des 86 départements de la France était de 35 781 628 habitants. — Quelle serait la population moyenne de chaque département ?

III.
RÉSUMÉS THÉORIQUES.

SOUSTRACTION ET DIVISION.

Décomposition des nombres.

XXVII.

76. — DÉFINITION. — La *soustraction* est une opération par laquelle on retranche un nombre d'un plus grand de la même espèce. — Le résultat de l'opération se nomme reste, excès ou différence.

XXVIII.

77. — RÉGLE. — *Pour soustraire l'un de l'autre deux nombres entiers :* — On écrit le plus petit nombre au-dessous du plus grand, de manière que les unités de même ordre soient dans une même colonne verticale ; on souligne le tout ; on soustrait successivement, en commençant par la droite, chaque chiffre inférieur du chiffre supérieur correspondant : — Si le chiffre inférieur est plus petit que le chiffre supérieur, on écrit le reste sous la colonne qui l'a fourni. Si le chiffre inférieur est égal au chiffre supérieur, le reste étant nul, on écrit zéro sous la colonne. Si le chiffre inférieur est plus grand que le chiffre supérieur, pour rendre la soustraction possible on augmente celui-ci de dix unités empruntées au premier chiffre significatif qui est à sa gauche, lequel se compte alors par une unité de moins ; et s'il se trouve des zéros intermédiaires, on les considère comme des 9. — On continue jusqu'à la dernière colonne à gauche : on a ainsi, sous la ligne de séparation, le reste, l'excès ou la différence.

XXIX.

78. — EXEMPLE. — *Soit à soustraire 402 193 de* 750 063.

79. — DÉMONSTRATION. — *En opérant suivant la règle de la soustraction,* on retranche successivement chaque partie du plus petit nombre de celle de même espèce du plus grand : ce qui donne le reste, l'excès ou la différence.

XXX.

80. — USAGES. — *La soustraction s'emploie :*

1° Lorsqu'on veut connaître la différence entre deux nombres de même espèce ;

2° Lorsqu'on veut déterminer l'excès d'un nombre sur un autre de même nature ;

3° Lorsqu'on veut diminuer un nombre d'un autre nombre pour en connaître le reste ;

4° Lorsque, connaissant la somme de deux nombres et l'un d'entre eux, on veut déterminer l'autre ;

5° Enfin on emploie la soustraction pour faire la preuve de l'addition et pour exécuter la division.

81. — PREUVE. — *Pour faire la preuve de la soustraction :* — On ajoute le reste ou la différence au plus petit des deux nombres ; si l'opération a été bien faite, la somme que l'on obtient doit être égale au plus grand nombre.

XXXI.

82. — DÉFINITION — La *division* est une opération par laquelle on partage le dividende en autant de parties égales qu'il y a d'unités dans le diviseur, une de ces parties est le quotient ; — ou par laquelle on cherche combien de fois le dividende contient le diviseur, le nombre de fois est le quotient.

83. — La division d'un nombre simple, et même souvent d'un nombre composé de deux chiffres, par un nombre simple, se fait de mémoire, au moyen de la *table de division.*

84. — Pour diviser un nombre composé de deux et de plus de deux chiffres par un nombre simple, on divise par ce nombre simple, successivement, chacune des parties du nombre composé, en commençant par les unités les plus élevées, et en convertissant ce qui reste de chacune de ces parties en unités de l'ordre qui les suit immédiatement à droite.

XXXII.

85. — **RÈGLE.** — *Pour diviser deux nombres entiers l'un par l'autre :* — On écrit le diviseur à la droite du dividende ; on sépare ces deux nombres par un trait vertical, et on souligne le tout. — On prend sur la gauche du dividende assez de chiffres pour contenir le diviseur une fois au moins et neuf fois au plus ; on cherche combien de fois ce premier dividende partiel contient le diviseur : le quotient que l'on obtient est le premier chiffre du quotient total, on l'écrit sous le diviseur. On multiplie le diviseur par ce premier chiffre ; on retranche le produit du premier dividende partiel, et l'on écrit le reste au-dessous. — A la droite de ce reste on abaisse le chiffre suivant du dividende total, ce qui donne le deuxième dividende partiel ; on cherche combien de fois ce deuxième dividende partiel contient le diviseur ; le quotient que l'on obtient est le deuxième chiffre du quotient total, on l'écrit à la droite du premier. On multiplie le diviseur par ce deuxième chiffre ; on retranche le produit du deuxième dividende partiel, et l'on écrit le reste au-dessous. — A la droite de ce reste on abaisse le chiffre suivant du dividende total, et l'on continue la même opération jusqu'à ce qu'on ait abaissé le dernier chiffre du dividende.

XXXIII.

86. — **EXEMPLE.** — *Soit le nombre 699 678 à diviser par 567.*

87. — **DÉMONSTRATION.** — *En opérant suivant la règle de la division,* on a successivement retranché le diviseur du dividende autant de fois qu'il y était contenu : ce qui donne le quotient.

• XXXIV.

88. — **USAGES.** — *La division sert :*

11.

1° A partager un nombre entier en un nombre donné de parties égales ;

2° A chercher combien de fois un nombre entier contient un autre nombre entier plus petit ;

3° A rendre un nombre donné autant de fois plus petit que l'indique un autre nombre entier ;

4° A trouver la valeur d'une chose, quand on connait la valeur de plusieurs choses ;

5° A déterminer le nombre des objets dont on en connaît le prix et le prix d'un seul ;

6° A convertir les unités inférieures en unités supérieures ;

7° A faire la preuve de la multiplication.

89. — **PREUVE**. — *Pour faire la preuve de la division :* — On multiplie le diviseur par le quotient ; on ajoute au produit le reste de la division, s'il y en a un, et on doit trouver pour résultat le dividende.

ENTRETIEN XXXVI.

Récréations arithmétiques.

Instruire en amusant.

Voici — **mes amis** — notre dernier entretien, ce n'en est pas le moins amusant ; donnez-moi donc toute votre attention, en échange de mes regrets de vous quitter.

Il n'y a plus aujourd'hui, grâce aux bienfaits de l'instruction, que les esprits faibles qui croient encore à la MAGIE DES NOMBRES. Autrefois les anciens, et surtout les *Pythagoriciens*, attribuaient aux nombres des propriétés mystérieuses, parce qu'ils n'en connaissaient pas les admirables combinaisons.

Ainsi :

L'UNITÉ, qui est le *principe génératif* des nombres, était le caractère sublime de la divinité. — Le nombre *Deux* n'était pas en honneur. — *Trois* était le nombre par excellence. — *Quatre* était en grande vénération. (*) — *Cinq* révélait de grands secrets. — *Six* est peu remarqué. — Mais le nombre *Sept* fut un des plus mystérieux : les médecins y trouvaient toutes les vicissitudes de la vie humaine, les jours critiques et les années climatériques. (**) — *Huit* n'est pas heureux. — *Neuf* présageait d'heureuses choses, à cause de la combinaison vraiment surprenante qu'il présente. — *Dix* marquait le plus haut point du bien et du mal. — On ne dit pas grand'chose des nombres *Onze* et *Douze*. — Mais le nombre *Treize* était le présage de toutes les calamités.

N'est-il pas encore aujourd'hui la terreur des esprits crédules, des gens superstitieux, qui se croient menacés d'une mort prochaine, parce qu'ils se trouvent *treize à table* (***) ? Gardez-vous bien - **mes amis** - de ces croyances absurdes qui faussent l'esprit et dessèchent le cœur, de ces déplorables préjugés qui déshonorent l'humanité.

« Mais si l'ignorant ne trouva dans les nombres qu'une source inépuisable de trompeuses illusions et de

---

(*) En presque toutes les langues, le nom de *Dieu* est de quatre lettres.

(**) Les anciens pensaient que l'homme qui entrait dans sa 63e année devait craindre pour sa vie, parce que ce nombre 63 résultait de la multiplication de 7 par 9, comme si, à 63 ans, la vie humaine ne touchait pas à la tombe !

(***) C'est à Judas — *dit Eliçagaray* — que nous devons le maléfice du nombre TREIZE : Si l'on ne s'était pas trouvé *treize à table* pour solenniser la Sainte-Pâque, Jésus-Christ n'eut pas été trahi et vendu, et nous pourrions aujourd'hui nous y asseoir, nous treizième, sans redouter la malignité de ce nombre fatal et sans avoir peur de mourir dans l'année.

spéculations mystiques, l'homme éclairé sut y découvrir des *propriétés* et plus nobles et plus intéressantes, et, réunissant l'utile à l'agréable, il parvint jusqu'à faire contribuer à nos amusements une science dont l'abord repoussant semblait écarter toute idée de plaisir. Et, en effet, c'est à l'aide du calcul qu'on arrive à des résultats si ingénieux, si variés, si merveilleux même pour le vulgaire, que celui-ci, ne pouvant en saisir les causes naturelles, est presque toujours disposé à attribuer à de pareilles opérations des idées de magie et de sortilège. »

I.

Des Carrés magiques. (*)

On appelle *Carré magique* un carré divisé en petits carreaux égaux, dans lesquels on écrit des nombres disposés de telle sorte que leur somme soit toujours la même en tous sens.

Il y a plusieurs manières de former des carrés magiques ; je vous en indiquerai deux : l'une *graphique*, l'autre *numérique*.

Procédé graphique : — *Formez un carré de neuf cases ; — à chaque face du carré, ajoutez une case ; — placez obliquement les neuf premiers chiffres, dans leur ordre naturel et trois par trois ; — et transportez chaque chiffre contenu dans les cases détachées du carré, à la case vide du carré, qui lui est diamètralement opposée.*

Un exemple fera mieux comprendre ce procédé. — Supposons qu'il s'agisse de former un carré magique avec les *neuf premiers nombres*, pour avoir 15 en tous sens.

(*) Au temps de la superstition, les *carrés magiques* étaient des espèces de talismans auxquels les Pythagoriciens attribuaient des propriétés mystérieuses.

Carré magique.

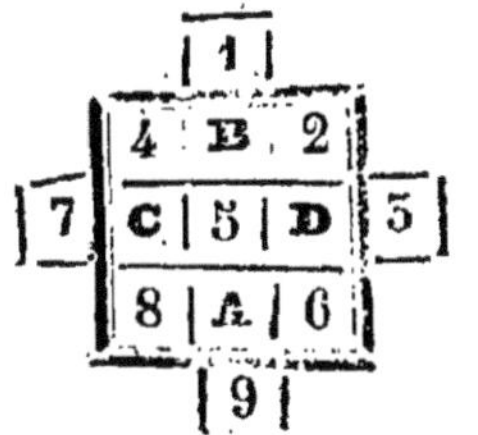

Les chiffres 1 et 9, 3 et 7, placés dans les cases additionnelles, doivent rentrer dans les cases vides du carré ; c'est-à-dire 1 en A, 9 en B, 3 en C et 7 en D. On a ainsi le carré cherché, qui sera *magique*, car la somme de chaque colonne, prise de haut en bas, de bas en haut, de droite à gauche, de gauche à droite, de E en G et de F en H, présente toujours le nombre 15. (*)

Voici un carré magique plus compliqué, mais qui se construit de la même manière.

Soit donné de former un carré magique avec les *25 premiers nombres*, de façon à avoir 65 en tous sens.

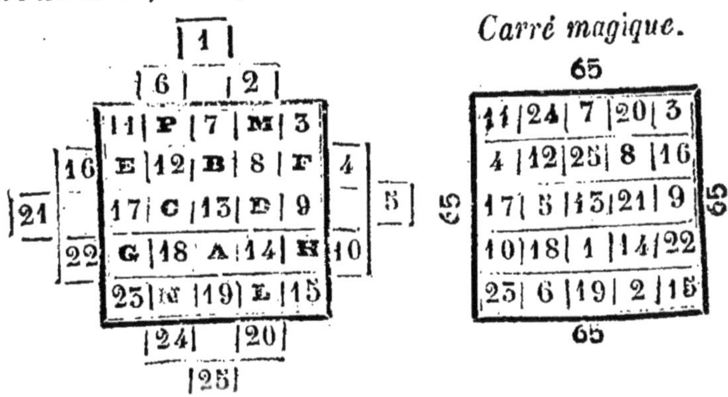

Les chiffres 1 et 25, 5 et 21, 4 et 16, 10 et 22, 2 et 20, 6 et 24 placés dans les cases additionnelles, doivent rentrer

(*) Les lignes EG et FH sont appelées les *diagonales* du carré EFGH.

dans les cases vides du carré; c'est-à-dire 1 en A, 25 en
B, 5 en C, 21 en D, 4 en E, 16 en F, 10 en G, 22 en H,
20 en M, 6 en N et 24 en P.

Ce carré est *magique*, puisque la somme de chaque colonne et de chaque diagonale est la même.

Procédé numérique : — *Prenez, pour le premier rang
horizontal, les nombres dans un ordre quelconque ; —formez
le deuxième rang en partant du troisième chiffre, et en suivant l'ordre où ils se trouvent ; — et ainsi des autres rangs
en prenant toujours le troisième chiffre du dernier rang,
jusqu'à ce que tout le carré soit rempli.*

Ex. — Former deux carrés magiques avec les *cinq premiers nombres*, disposés dans leur ordre naturel et dans
un ordre quelconque, de manière à avoir 15 en somme.

CARRÉS MAGIQUES.

15

1	2	3	4	5
3	4	5	1	2
5	1	2	3	4
2	3	4	5	1
4	5	1	2	3

15

4	1	3	5	2
3	5	2	4	1
2	4	1	3	5
1	3	5	2	4
5	2	4	1	3

Il est facile de voir que les chiffres se reproduisent dans
l'ordre du premier rang, et de trois en trois.

Ces carrés sont *magiques*, car la somme de chaque bande,
soit horizontale, soit verticale, soit diagonale, est la même,
puisque les cinq nombres sont dans chacune sans répétition.

Vous comprenez maintenant—**mes amis**—que les
personnes qui ignorent la manière de former ces carrés,
y trouvent quelque chose de *magique* et y attachent à
tort des *propriétés mystérieuses*, qui ne sont que le

résultat de la combinaison des nombres suivant certaines conventions.

II.

Additions magiques.

Ces sortes d'additions sont vraiment plus surprenantes
encore que les carrés magiques. Comment croire, en
effet, que l'on puisse donner le total d'une addition
que l'on ne connait pas, ou dont on ne connait que le
premier rang horizontal. La chose est cependant possible — **mes amis** — et ne manque pas d'offrir un
certain prestige aux yeux des ignorants et des gens
superstitieux.

Voici ces deux cas:

*1° — Faites poser une première série de nombres compo-
sée d'autant de rangées de chiffres que l'on voudra ; — posez
à la suite une deuxième série composée de la même quantité
de rangées formées, une à une et en commençant par la
droite, des nombres qui manquent aux chiffres des premières
pour faire 9 ; — le total sera toujours le produit d'un nombre
composé d'autant de 9 qu'il y a de chiffres dans le rang qui
en contient le plus, par le chiffre qui exprime le nombre de
rangées de la première série. (*)*

(*) La multiplication par 9 est facile à faire mentalement, ou plutôt
mécaniquement : *Le chiffre à gauche du produit est toujours le nombre
immédiatement au-dessous de celui qu'on multiplie par 9 , et le second
chiffre le nombre qu'il faut ajouter au premier pour avoir 9.*

Ex. $2 \times 9 = 18$; $3 \times 9 = 27$; $4 \times 9 = 36$; $5 \times 9
= 45$; $6 \times 9 = 54$; $7 \times 9 = 63$; $8 \times 9 = 72$; $9 \times
9 = 81$.

Étendant ce moyen mécanique aux composés de 0 , on déduit cette
règle générale: *Le produit se compose toujours d'autant de 9 moins un
qu'il y en a dans le facteur, placés entre deux chiffres extrêmes dont*

EXEMPLES.

$$
\begin{array}{ll}
\text{1}^{\text{re}}\text{ Série.} \left\{ \begin{array}{l} 54321 \\ 80697 \\ 15243 \\ 79186 \\ 32049 \end{array} \right. & \qquad \text{1}^{\text{re}}\text{ Série.} \left\{ \begin{array}{l} 0467 \\ 0028 \\ 5679 \\ 0103 \end{array} \right. \\[2em]
\text{2}^{\text{e}}\text{ Série.} \left\{ \begin{array}{l} 45678 \\ 19302 \\ 84756 \\ 20813 \\ 67950 \end{array} \right. & \qquad \text{2}^{\text{e}}\text{ Série.} \left\{ \begin{array}{l} 9532 \\ 9971 \\ 4320 \\ 9896 \end{array} \right. \\[2em]
499995 = 99999 \times 5. & \qquad 59996 = 9999 \times 4.
\end{array}
$$

Il est facile de voir que les chiffres de chaque rangée de la 2ᵉ série sont respectivement les *compléments de 9* de chacun des chiffres de la 1ʳᵉ série. — Si les rangées de celle-ci n'ont pas un même nombre de chiffres, on les complète par des zéros.

Il est bien entendu que pour rendre l'opération *magique*, la multiplication doit se faire secrètement ou plutôt mentalement.

2° — *Posez, ou faites poser, une première ligne de chiffres ; — dites que l'on écrive au-dessous autant d'autres rangées de chiffres que l'on voudra ; — posez-en la même quantité en les formant, une à une, des compléments de 9. — Le total que vous posez d'avance, se compose toujours des chiffres de la 1ʳᵉ ligne, moins 2 unités que l'on reporte à sa gauche, si vous avez fait poser deux rangées de chiffres ; moins 3 unités, s'il y a trois rangées de chiffres posés ; et ainsi de suite.*

---

celui de gauche est le nombre immédiatement au-dessous du chiffre que l'on multiplie par les 9, et celui de droite le nombre qu'il faut y ajouter pour faire 0.

Ex. $4 \times 99 = 396$; $6 \times 999 = 5994$; $8 \times 9999 = 79992$.

EXEMPLES.

1re ligne.	54627	(*)	98019	1re ligne.
			45678	
2 rangées.	{ 18095		19023	} 5 rangées.
	{ 56741		4567	
			84321	
Compléments	{ 81904		86976	} Compléments
de 9.	{ 65258		95432	de 9.

254625 —TOTAUX— 588016

Ces additions sont *magiques*, puisqu'on peut en indiquer
toujours le total à l'avance. — Cependant si le stratagème
venait à être découvert, on pourrait, au lieu des compléments de 9, poser des chiffres au hasard, pourvu que la
somme de chacune des colonnes des quatre rangées fût
18, des six rangées 27, des huit rangées 36, et ainsi de
suite. Le prestige alors est plus frappant, et les ignorants
ne tardent pas d'attribuer quelque *magie* à ce qui n'est que
l'application plus ou moins subtile de procédés fort simples.

III.

Preuves par 9.

Appliquée à la multiplication et à la division, la *preuve
par 9* est commode dans la pratique; elle est surtout expéditive, mais elle n'est pas infaillible.

Multiplication : — *On fait la somme des chiffres du multiplicande, pris en valeur absolue; on en retranche 9 autant
de fois que c'est possible: on a un 1er Reste. On fait la même
opération sur le multiplicateur: on a un 2e Reste. On fait
la même opération sur le produit : on a un 3e Reste. — On
multiplie le premier reste par le second; de leur produit on
retranche 9 autant de fois qu'on peut le faire: on a un*

(*) Si le chiffre des unités de la 1re ligne est plus faible que le chiffre qui
doit en être retranché, on l'augmente de 10 unités; mais alors le chiffre
des dixaines du total doit être diminué d'une unité.

4ᵉ Reste, — *Si l'opération a été bien faite, le quatrième reste doit être égal au troisième.*

Division : — *On opère comme dans la multiplication, en considérant le dividende comme un produit dont le diviseur et le quotient sont les facteurs. — Dans le cas d'un reste, on le retranche préalablement du dividende.*

EXEMPLES :

Multiplication.

Multᵈᶜ.	Multʳ.	Produit.
4352 ×	876 =	5812352
14	21	24
— 9	— 9	— 9
.	— 9	— 9
5 ×	3	
15		
— 9		
6 =	**6** restes	

Division.

Divid.		
5867493		
Reste. 897		
	Divis.	Quot.
5866596 =	1284 ×	4569
45	15	24
— 9	— 9	— 18
— 9	6 ×	6
— 9		
— 9	36	
— 9	— 36	
9		**0**

Ces opérations sont exactes, puisque les restes définitifs sont égaux respectivement. (*)

IV.

Preuve par le chiffre unique.

Voici une heureuse application de la preuve par 9, qui rend la vérification des calculs facile et presqu'instantanée ;

(*) Lorsque l'on fait la somme des chiffres pris avec leur valeur absolue, on peut se dispenser d'y faire entrer les 9 que l'on rencontre ; on les passe, et le reste n'est évidemment pas changé. — Ainsi, dans la preuve de la division ci-dessus, on pouvait simplifier l'opération en supprimant le 9 du dividende et du quotient ; les sommes devenaient alors 36 et 15, au lieu de 45 et 24.

elle est déduite de ce principe qu'*en divisant un nombre par
9, le reste de la division est toujours égal à la somme des
chiffres de ce nombre*. Ainsi 45386 divisé par 9 donne pour
reste 8 qui est égal à 2 + 6 , 26 étant la somme des chiffres
du nombre 45386 pris avec leur valeur absolue. Ce chiffre
8 (2 + 6) est ce que l'on appelle le *chiffre unique* du nombre
45386.

LE CHIFFRE UNIQUE D'UN NOMBRE *s'obtient en additionnant les chiffres de ce nombre comme unités simples,
puis les chiffres de leur somme jusqu'à ce qu'on arrive à* UN
SEUL CHIFFRE POUR TOTAL. — Rien donc de plus facile à obtenir ; son application à la vérification des quatre règles
fondamentales , n'offre pas plus de difficulté.

Addition : — *On cherche les chiffres uniques de chacun
des nombres ; on en fait la somme dont le chiffre unique doit
être égal à celui du total.*

Multiplication : — *On cherche les chiffres uniques du mul-
tipliftande et du multiplicateur , on les multiplie l'un par
l'autre ; le chiffre unique de leur produit doit être égal à
celui du produit total.*

Soustraction : — *On cherche les chiffres uniques du plus
petit nombre et du reste ; on en fait la somme dont le chiffre
unique doit être égal à celui du plus grand nombre.*

Division : — *On cherche les chiffres uniques du diviseur
et du quotient , on les multiplie l'un par l'autre ; on ajoute
au chiffre unique de leur produit celui du reste , et l'on doit
retrouver le chiffre unique du dividende.*

EXEMPLES :

Addition. Sommes. Chiffres uniques.

```
8467......25......7 )
9203......14......5 }
5678......26......8 } 23
9012......12......3 )
───────────────────────
32360......14......5 = 5.
```

Multiplication. Sommes. Chiffres uniques.

```
4352....14......5 )
 876....21......3 } 15
──────────────────────
3812352....24......6 = 6
```

<table>
<tr><td colspan="2" align="center">Chiffres</td><td></td><td colspan="2" align="center">Chiffres</td></tr>
<tr><td>Soustraction.</td><td>Sommes uniques.</td><td></td><td>Division.</td><td>Sommes. uniques.</td></tr>
<tr><td>5916084...33......6</td><td></td><td></td><td>Divid. 58674.30...........5</td><td></td></tr>
<tr><td>1936925...35..8</td><td rowspan="2">} 15.6 ‖</td><td></td><td>Divis. 284.14.5}</td><td rowspan="3">40.4{ 12.3 ‖</td></tr>
<tr><td></td><td></td><td>Quot. 206. 8.8}</td></tr>
<tr><td>3979159...43..7</td><td></td><td></td><td>Reste. 170. 8......8}</td></tr>
</table>

Les preuves ordinaires sont généralement aussi compliquées, et partant aussi sujettes à erreur, que les opérations elles-mêmes ; la *preuve par le chiffre unique* simplifie beaucoup les calculs qu'elle réduit à de petites additions : elle est expéditive, ingénieuse, *magique*.

V.

Singularités remarquables des chiffres.

Tout nombre est exactement la moitié de deux autres nombres pris à égale distance, l'un au-dessus, l'autre au-dessous.

Ainsi 5, qui se trouve entre 4 et 6 dont la somme est 10, est exactement la moitié de cette somme. Si donc on écrit une série de chiffres, soit pris de suite, soit pris de deux en deux, de trois en trois, etc., le premier et le dernier, le second et l'avant-dernier, et ainsi de suite, en revenant vers le centre, présenteront toujours la même somme. — Tels sont les nombres :

2, 4, 6, 8. — 10 — 12, 14, 16, 18.

Qui, ajoutés deux à deux et comme il est dit ci-dessus, donnent toujours 20 dont 10, qui tient le milieu, est la moitié.

VI.

Deviner un nombre pensé.

Il y a plusieurs manières de deviner le nombre qu'une personne aura pensé ; voici les plus simples :

1° *Tripler le nombre.* — *En prendre la moitié s'il est*

pair, ou la plus grande moitié (*) s'il est impair. — *Tripler cette moitié.* — *Demander combien de fois on peut ôter 9 du produit ; et pour autant de fois 9 retenir 2, mais ajouter 1 s'il reste encore quelque chose : ce sera le nombre pensé.*

Exemple : Nombre pensé, 6. — Triplé, 18. — La moitié, 9. — Triplé, 27. — 27 contient 9, *trois fois.* — Donc $2 \times 3 = 6$, nombre pensé.

Exemple : Nombre pensé, 5. — Triplé, 15. — La plus grande moitié, 8. — Triplé, 24. — 24 contient 9 *deux* fois, plus un reste 6. — Donc $2 \times 2 = 4$, et 1 pour le reste, donne 5, nombre pensé.

2° *Doubler le nombre.* — *Y ajouter 6.* — *Prendre la moitié du tout.* — *Multiplier cette moitié par 4, et faire accuser le produit : On connaîtra le nombre pensé en prenant la moitié de ce produit, en retranchant 6 et en prenant encore la moitié du reste.*

Exemple : Nombre pensé, 8. — Doublé, 16. — Plus 6, 22. — La moitié, 11. Multiplié par 4, 44, nombre accusé. — On en prend la moitié 22 ; on en ôte 6, reste 16, qui est le double du nombre pensé.

3° *Ajouter au nombre pensé sa moitié, ou sa plus grande moitié.* — *Ajouter à la somme sa moitié, ou sa plus grande moitié.* — *Du total ôter 9 autant de fois que cela est possible, et pour chaque fois 9 retenir 4.* — *Or, il ne restera rien, ou il restera un de ces nombres 3, 5, 8 : s'il reste 3, retenir 1 ; s'il reste 5, retenir 2 ; s'il reste 8, retenir 3, et ajouter ces reports au nombre déjà retenu.*

EXEMPLES.

Nombres pensés	8	9	6	7
Moitiés ou >moitiés	4	5	3	4
Sommes	12	14	9	11
Moitiés ou >moitiés	6	7	5	6
Totaux	18	21	14	17
Moins 9 ou ses multip.	18	18	9	9
Restes	0	3	5	8
Donc	$4 \times 2 + 0.$	$4 \times 2 + 1.$	$4 \times 1 + 2.$	$4 \times 1 + 3.$
Nombres devinés	8	9	6	7

(*) La plus grande moitié des nombres impairs 3, 5, 7, 9 est respectivement 2, 3, 4, 5, au lieu de 1 1/2, 2 1/2, 3 1/2, 4 1/2.

*4° Multiplier le nombre pensé par un nombre quelconque.
— Diviser le produit aussi par un nombre quelconque. —
Multiplier le quotient par quelqu'autre nombre, et en diviser
le produit par un nombre à volonté. — Diviser enfin le dernier quotient par le nombre pensé.*

*Faire les mêmes opérations mentalement et sur un petit
nombre ; on aura évidemment le même quotient, auquel on
fait mystérieusement ajouter le nombre pensé et déclarer le
total ; alors il ne s'agit plus que de soustraire le quotient
connu, et ce qui restera est le nombre pensé.*

EXEMPLE :

Nombre pensé. 8				Nombre supposé . 2		
$\times$	4	=	32	$\times$	4	= 8
:	2	=	16	:	2	= 4
$\times$	6	=	96	$\times$	6	= 24
:	4	=	24	:	4	= 6
:	8	=	3	:	2	= 3
$+$	8	=	11	Donc 11	— 3	= 8

Si la dernière division laisse un reste, l'opération n'en
paraît que plus *magique*.

*5° Doubler le nombre pensé. — Multiplier le double par
5. — Accuser le produit ; le diviser par 10 : le quotient est
le nombre pensé.*

Exemple : Nombre pensé, 8. — Doublé, 16. — Multiplié
par 5, 80. — Divisé par 10, 8, nombre deviné.

*6° Diviser le nombre pensé par 3, et pour chaque unité de
reste poser 70. — Diviser le même nombre par 5, et pour
chaque unité de reste poser 21. — Diviser enfin ce nombre
par 7, et pour chaque unité de reste poser 15. — Faire le
total, et le diviser par 105 : le reste de la division sera le
nombre pensé.*

EXEMPLES :

Nombre pensé.	$\left\{\begin{array}{l}\textbf{10}:3\,\text{reste}\,1\times70=70\\ \textbf{10}:5\ldots0\times21=\ \ 0\\ \textbf{10}:7\ldots3\times15=45\end{array}\right.$
Nombre pensé.	$\left\{\begin{array}{l}\textbf{37}:3\,\text{reste}\,1\times70=70\\ \textbf{37}:5\ldots2\times21=42\\ \textbf{37}:7\ldots2\times15=30\end{array}\right.$

$$115:105 \qquad\qquad 142:105$$

Reste ou nombre pensé **10**.   Reste ou nombre pensé **7**

Tous ces calculs, faits avec subtilité, produisent toujours beaucoup d'effet ; ils constituent des amusements fort instructifs.

Voici d'autres procédés non moins ingénieux.

VI.

Deviner plusieurs nombres pensés, pourvu que chacun d'eux soit au-dessous de 10.

Faites doubler le premier nombre pensé, ajouter 5 au produit, multiplier le tout par 5, puis ajouter 10 au dernier produit. — Faites ajouter le second nombre pensé, et multiplier par 10. —Faites ajouter le troisième nombre pensé, et multiplier encore par 10 — Et toujours de même pour tous les nombres pensés...—Faites-vous déclarer le produit total ; soustrayez-en 35 s'il n'a que deux chiffres, 350 s'il en a trois, 3500 s'il en quatre, etc. : le reste indique par ordre les chiffres pensés.

EXEMPLES :

(1o) Nombre pensé, 5. — Doublez, c'est 10. — Ajoutez 5, c'est 15. — Multipliez par 5, c'est 75. — Ajoutez 10, c'est 85. — On vous déclare cette dernière somme, de laquelle vous soustrayez mentalement 35 ; il reste 50 : le premier chiffre montre le nombre pensé.

(2o) Nombres pensés 5 et 6. — Faites procéder comme dans le premier cas, il vient 85. — Ajoutez-y 6, second nombre pensé, c'est 91. — Soustrayez mentalement 35 de cette dernière somme qu'on vous déclarera ; vous aurez 56, dont le premier chiffre indique le premier nombre pensé et le second l'autre nombre pensé.

(3o) Nombres pensés 5, 6 et 7. — Opérez comme dans l'exemple (2), il vient 91. — Multipliez par 10, c'est 910. — Ajoutez le troisième nombre pensé, c'est 917. — Soustrayez mentalement 350 de cette dernière somme que vous vous ferez déclarer : il vous restera 567, somme qui indique par ordre les trois chiffres pensés.

Ces exemples suffisent pour qu'on puisse faire une application plus étendue de ce procédé. Mais il faut avoir soin d'ajouter chaque fois un zéro au soustracteur. (*)

VII.

Deviner le reste d'un nombre pensé, après plusieurs additions et soustractions.

Faites doubler le nombre pensé. — Faites ajouter autant de nombres que l'on voudra, dont on vous dira la somme. (C'est la moitié de cette somme qui sera le reste à deviner.) — Faites soustraire de la somme totale sa moitié, puis du reste le nombre pensé.

Exemple : Nombre pensé, 8. — Doublez, c'est 16. — Ajoutez 5, 10, 15 ou 30, c'est 46.—Otez la moitié, reste 23. — Otez le nombre pensé, reste 15. (Ce nombre est bien la moitié de la somme ajoutée 30.)

Le résultat est toujours infaillible, quels que soient les nombres ajoutés. Toutefois, si leur somme était un nombre impair, comme 25, la réponse serait évidemment 12 ½.

VIII.

Deviner le chiffre supprimé dans le produit d'une multiplication.

Proposez à une personne de multiplier par tel nombre à son choix une des trois sommes que vous lui donnerez par écrit, en ayant soin que les chiffres de chacune d'elles, ajoutés les uns aux autres, fassent toujours 18.—Faites-lui effacer tel chiffre qu'elle voudra du produit, en la laissant maîtresse d'arranger à sa fantaisie les chiffres restants après la défalcation du chiffre rayé. — Faites-vous donner les chiffres du produit ainsi brouillés : ce qui manquera à leur somme pour former 18, sera le chiffre supprimé.

(*) On rend le jeu plus subtil en faisant ajouter au dernier total un nombre à plaisir qu'on indique soi-même. Soit 50. Ce qui, dans l'exemple (3), donne 967 ; mais alors il faut prendre pour soustracteur 400 au lieu de 350, et l'on obtient le même résultat.

Ex. — Nombres proposés :

$$6705 \qquad 3834 \qquad 9126$$
$$18 \qquad 18 \qquad 18$$

Nombre choisi pour être multiplié 3834, soit par 45. Le produit est 172530. Nombre supprimé, soit 5. Produit bouleversé et accusé 37021 dont la somme est 13. Donc le chiffre supprimé est 5, car 13 + 5 = 18.

IX.

Jeu de l'anneau.

Une personne de la société ayant pris en secret un anneau, la découvrir, ainsi que la main, le doigt et la jointure où elle l'a placé.

Faites asseoir les personnes, et donnez à chacune d'elles un numéro d'ordre. — Faites doubler, par un tiers, le numéro de la personne qui a l'anneau. — Faites y ajouter 5, multiplier la somme par 5 et ajouter 10 au produit. — Si l'anneau se trouve à la main droite, faites ajouter 1 au produit ; s'il est à la main gauche, faites-y ajouter 2. — Faites multiplier la somme par 10. — Faites ajouter au produit le nombre du doigt auquel se trouve la bague, en comptant 1 à partir du pouce. — Faites multiplier ce résultat par 10, et y ajouter le nombre marqué par les jointures. — Faites-vous alors dire le total, et soustrayez-en mentalement 3500 : le premier chiffre sur la droite du reste indiquera la jointure, le second le doigt ; si le troisième chiffre est 1, c'est la main droite ; s'il est 2, c'est la main gauche ; le quatrième chiffre indique le numéro de la personne.

Ex. — Soit la 4e personne qui ait pris l'anneau, et qui l'ait mis à la 5e jointure du 5e doigt de la main gauche.

On fait doubler 4, c'est 8. — Ajouter 5, c'est 13. — Multiplier par 5, c'est 65. — Ajouter 10, c'est 75. — Ajouter le nombre de la main, c'est 77. — Multiplier par 10, c'est 770. — Ajouter le nombre du doigt, c'est 775. — Multiplier par 10, c'est 7750. Ajouter le nombre de la jointure, c'est 7753. — Retrancher 3500, reste 4253 dont chaque chiffre indique par ordre ce qu'on voulait savoir : c'est-à-dire que la 4e personne a l'anneau à la main gauche, au 5e doigt, à la 3e jointure.

Il est tout aussi facile de faire l'application de ce procédé ingénieux à d'autres exemples : les chiffres à ajouter et les multiplications à faire sont les mêmes ; il n'y a à changer que le nombre de la personne, celui de la main, du doigt et de la jointure. — Toutefois, pour mieux couvrir le jeu, on peut, avant de faire accuser le dernier total, y faire ajouter un nombre quelconque ; mais alors il devient indispensable d'augmenter de ce nombre le soustracteur 3500.

Ex. — Soit la 7e personne qui ait pris la bague et qui l'ait mise à la 5e jointure du 4e doigt de la main droite.

$7 \times 2 = 14 + 5 = 19 \times 5 = 95 + 10 = 105 + 1$ pour la main droite $= 106 \times 10 = 1060 + 4$ pour le doigt $= 1064 \times 10 = 10640 + 3$ pour la jointure $= 10643 + 35$ nombre arbitraire $= 10678 - 3535 = 7143$ dont le premier chiffre indique la personne, le second la main droite, le 3e le 4e doigt et le quatrième chiffre la 5e jointure.

X.

Jeu de dés.

Même procédé que pour le jeu de l'anneau.

Ex. — Une personne a jeté trois dés à votre insu ; elle a amené 1, 4, 6. Devinez ces nombres.

Faites doubler un de ces trois nombres, soit le premier, on a 2 ; ajouter 5, c'est 7 ; multiplier par 5, c'est 35 ; ajouter 10, c'est 45 ; ajouter 4 nombre du second dé, c'est 49 ; multiplier par 10, c'est 490 ; ajouter 6 nombre du troisième dé, c'est 496. — Faites déclarer cette somme dont vous retrancherez mentalement 350 ; vous trouverez en reste 146 dont chaque chiffre indique par ordre, et séparément, la valeur des trois dés.

Cette opération si ingénieuse peut se combiner de toutes manières et s'appliquer à différents objets.

XI.

Jeu de jetons.

De trois personnes qui ont pris des jetons, deviner combien chacune en a.

Faites prendre à la troisième personne un nombre de jetons tel qu'elle voudra, pourvu qu'il puisse être divisé par 4 sans reste. — Faites prendre à la seconde personne autant de fois 7 jetons que la troisième en a pris de fois 4, et à la première autant de fois 13. — Demandez que la première donne aux deux autres, sur ses jetons, autant qu'elles en ont chacune ; puis que la seconde donne aux autres autant de jetons qu'elles en ont chacune ; que la troisième fasse de même à l'égard des deux autres. — Prenez alors les jetons d'une des trois personnes, n'importe laquelle : la moitié de ces jetons sera le nombre de ceux qu'avait la troisième personne au commencement ; la seconde aura autant de fois 7 et la première autant de fois 13, qu'il y a de fois 4 dans cette moitié.

Ex. — Supposons que la troisième personne ait pris 20 jetons. Or, 4 étant contenu 5 fois dans 20, le nombre de jetons de la deuxième sera $5 \times 7 = 35$. et celui de la première $5 \times 13 = 65$. Donc en tout $20 + 35 + 65 = 120$.

	1ᵉʳ partage.	2ᵉ partage.	3ᵉ partage.
1ʳᵉ pers.	$65 - 55 = 10.$	$10 + 10 = 20.$	$20 + 20 = 40.$
2ᵉ pers.	$35 + 35 = 70.$	$70 - 50 = 20.$	$20 + 20 = 40.$
3ᵉ pers.	$20 + 20 = 40.$	$40 + 40 = 80.$	$80 - 40 = 40.$

Après le troisième partage, chaque personne se trouve avoir le même nombre de jetons, dont la moitié de l'un d'eux exprime la quantité de jetons de la troisième personne ; les autres nombres se déduisent facilement.

FIN.

Mes Amis,

J'ai fini la 1re partie de nos Entretiens, la plus importante sans contredit ; mais où ma tâche s'arrête, la vôtre commence. Vous n'avez fait qu'un pas dans l'étude du calcul, dont la route est longue et épineuse. Que de choses utiles il vous reste à apprendre ! Étudiez avec ardeur ; DIEU, qui aime les enfants laborieux, récompensera vos efforts : DIEU ne refuse rien au travail. Ne dites pas que vous avez le temps d'apprendre, car ce qu'on appelle assez de temps se trouve toujours trop court ; souvenez-vous que le temps, c'est de l'argent. Ah ! que l'enfant qui n'apprend rien par sa faute est peu digne de l'amour de ses parents, de l'affection de ses maîtres, de l'amitié de ses camarades et de cette estime publique que l'on n'accorde jamais qu'aux élèves studieux. Mais je ne m'attends pas à tant d'ingratitude de votre part. — Adieu ! Retournez chez vos bons parents, et remerciez-les des sacrifices qu'ils font pour votre instruction.

Un dernier conseil : — Ne passez pas un jour sans revoir ce que je vous ai enseigné, oubliez que vous savez pour étudier encore ; car on sait toujours mal ce qu'on croit savoir trop bien, et celui-là est un ignorant qui dit savoir tout.

Votre Ami,

A. Cochard.

TABLE DES MATIÈRES. (*)

Définitions et Numérations.

ENTRETIENS   PAGES

I — Arithmétique. — Utilité de l'arithmétique..   1

II — Compter ou calculer. — Opérations fondamentales de l'arithmétique : addition, multiplication, soustraction, division..   5

III — Nombre. — Unité..   9

IV — Classification des nombres : nombre concret, nombre abstrait.   12

V — Numération : numération parlée, numération écrite. — Numération décuple ou décimale. — Base et Système de numération..   14

VI — Formation des nombres entiers. — Nomenclature et Écriture des unités simples. — Chiffres du calcul. . . .   18

VII — Nomenclature et Écriture des dixaines. — Propriétés du zéro.   24

VIII — Nomenclature et Écriture des dixaines (suite).   31

IX — Nomenclature et Écriture des centaines. — Propriétés du zéro.   37

X — Premier ordre ternaire : unités simples, dixaines, centaines.   44

(*) Chacune de ces matières pourrra être donnée à développer *par écrit* aux élèves les plus avancés ; ce sera un moyen de s'assurer s'ils les possèdent bien, et s'ils les exposent avec clarté.

ENTRETIENS   PAGES

XI   — Nomenclature et Écriture des nombres
          compris entre un et cent.   48

XII   — Nomenclature et Écriture des nombres
          compris entre cent et mille.   53

XIII   — Nomenclature et Écriture des unités de
          mille. — Propriétés du zéro.   56

XIV   — Nomenclature et Écriture des dixaines et
          centaines de mille. — Deuxième ordre
          ternaire.   62

XV   — Nomenclature et Écriture des millions,
          billions, etc.   65

XVI   — Valeur des chiffres : valeur absolue, va-
          leur relative.   72

XVII   — Écriture et Lecture des nombres entiers.   75

XVIII — Numération romaine.   82

       — RÉSUMÉS THÉORIQUES. — Définitions et
          Numérations.   87

Opérations sur les nombres entiers.

XIX   — Opération numérique : définition, règle,
          exemple, démonstration, usage, preuve.   94

XX   — Problème numérique : Résoudre un
          problème ; Solution. — Signification
          et usage des signes du calcul.   97

ADDITION.

XXI   — Addition des nombres simples. — Défi-
          nition. — Tables d'addition. . . .   101

XXII   — Addition des nombres composés. —
          Règle, Exemple, Démonstration. . .   108

       — Calcul mental.   115

ENTRETIENS   PAGES

XXIII — Addition des nombres composés. —
         Usages et Preuve.   120

XXIV   — Observations sur l'addition..   122

MULTIPLICATION.

XXV . — Multiplication des nombres simples. —
         Définition. — Table de multiplication.   126

XXVI   — Multiplication des nombres composés,
         Règle, Exemple, Démonstration. . .   134

XXVII — Multiplication des nombres composés. —
         Usages et Preuve.   140

XXVIII — Observations sur la multiplication. —
         Calcul mental.   150

         — RÉSUMÉS THÉORIQUES. — Addition et
         Multiplication : *Composition des
         nombres*   156

SOUSTRACTION.

XXIX   — Soustraction des nombres entiers. —
         Définition, Règle, Exemple, Démons-
         tration, Usages, Preuve.   160

         — *Calcul mental.*   169

XXX   — Observations sur la soustraction.. . .   175

DIVISION.

XXXI   — Division des nombres simples. — Défi-
         nition. — Table de division.   181

XXXII — Division des nombres composés, le divi-
         seur étant un nombre simple. . . .   189

XXXIII — Division des nombres composés. —
         Règle, Exemple, Démonstration. . .   198

XXXIV — Division des nombres composés. —
         Usages et Preuve.   205

ENTRETIENS   PAGES

XXXV — Observations sur la division   207

— *Calcul mental.*   215

— RÉSUMÉS THÉORIQUES. — Soustraction et
Division : *Décomposition des nombres.*   221

XXXVI — Récréations arithmétiques   224

MONTMÉDY. — Imp. de HENRY.